理論物理学者
A. ゾンマーフェルト
蔵書目録

小澤 健志 編

青史出版

理論物理学者 A. ゾンマーフェルトの蔵書目録

小澤　健志

　アーノルド・ゾンマーフェルト（Arnold Sommerfeld（1868-1951））は、１９０６年から３０年間にわたり、ミュンヘン大学理論物理学正教授を務め、理論物理学（特に前期量子論）の発展に多大な貢献をしたことは良く知られている。今日、ゾンマーフェルトは「量子論」、「原子物理学」の分野でよく知られているが、この分野の研究に着手する以前の彼は、「応用数学」、「数理物理学」「工学」の分野で活躍し、代表的な業績として『数学百科全書』の編集や、著書として F.クラインとの共著『こまの理論』などがある。

　1906年にミュンヘン大学物理学教授レントゲン（W.C.Röntgen（1845-1923））から、同大学理論物理学教授への招聘に応じたゾンマーフェルトは、その後の研究の分野を「応用数学」「数理数学」、「工学」、の分野から徐々に、「原子物理学」「量子論」の研究に移行していく。その後、彼は長年にわたって在職したミュンヘン大学を、ボーア（N.Bohr（1885-1962））が在職したコペンハーゲン大学、ボルン（M.Born（1882-1970））が在職したゲッティンゲン大学と並んで、量子論形成の重要な拠点としたのである。このように、ゾンマーフェルトの研究対象は、「応用数学」「数理物理学」「原子物理学」「量子論」と多岐に及んでいる。彼の弟子の一人であるハイゼンベルク（W.Heisenberg（1901-1976））は「ゾンマーフェルトは、その時代の理論物理学の全分野を一人でカバーできた最後の一人であった。」という言葉を残している　。

　このような業績を残したゾンマーフェルトは、生涯にどのような本を所有していたのか、読者は興味がわかないであろうか？彼の書籍の大半は、彼が在職していたミュンヘン大学数学・気象学・物理学図書館（Bibliothek Mathematik Meteorologie Physik, Universitaetsbibliothek Muenchen, Theresienstr. 37-39, D-80333 München, Germany）に所蔵されているのである。筆者は、図書館員のご好意により、この本のリストを入手することができた。このリストによると、ゾンマーフェルトは 1,099 冊の本を所有していたことが明らかになり、本の分野は数学、物理学、応用物理学から社会学、文学に至るまで広範囲である。また蔵書の著者を調べてみると、プランク（M.Planck）著書の本が 40 冊で、次にクライン（F. Klein）著書の本が 24 冊、ボルツマン（L. Boltzman）著書が 17 冊と続いている。このリストを公開することによって、ゾンマーフェルトの伝記的な研究及び物理学史、数学史、技術史など多岐にわたる分野の研究のお役に立てることができれば筆者は幸いである。この公開を許可していただいたミュンヘン大学数学・気象学・物理学図書館の Scheiner 氏と Xaleter 氏に感謝します。

＊　各書籍情報の最上段は、大学図書館が定めた本の識別番号である。

The Catalog of Sommerfeld's Books collection　at the Munich university library

　　　　　　　　　　　　　　　　　　　　　　　　　　　Takeshi　Ozawa

Arnold Sommerfeld (1868-1951) acted as Professor for theoretical physics at university of Munich from 1906 to 30 years. It is known by the development of the theoretical physics (the first half year in particular, quantum theory) that he did great contribution well. As the achievements that the Sommerfeld is well known in "a quantum theory" and the field of "the atomic physics", but former he starts the study of this field, he had played an active part in "applied mathematics", a field of the "mathematics physics" "engineering", and "the theories of the top" have a joint work with Felix Klein as editing and a book of "the mathematics encyclopedia" as representative achievements. Sommerfeld accepted invitation to Professor　for theoretical physics　from Professor for physics W. Röntgen（1845-1923）　at university of Munich in 1906 shifted for the study of the "atomic physics" "quantum theory" slowly from "application mathematics" "mathematical physics", "technics". Afterward he did Munich university where he was in office for many years afterwards he did with an important foothold of the quantum theory formation, like N. Bohr（1885-1962）　at Copenhagen University and M. Born　（1882-1970）Göttingen University. The study of Sommerfeld extends to an "applied mathematics" "mathematics physics" "technics" "atomic physics" "quantum theory" and the many divergences in this way.　Heisenberg（1901-1976）, one of his student, wrote: "Sommerfeld was last one who was able to cover the all fields of the theoretical physics of the time alone".　As for the reader, will be interest　in what kind of books Sommerfeld who left such achievements owned for a life ? The most of his books is possessed in Munich university mathematics / meteorology / the physics library where he was in office. I was able to obtain the list of this book by the goodwill of the librarian. According to this list, Sommerfeld owned 1,099 books, ranging in a wide area of subjects from mathematics, physics, and technics to sociology and literature. In addition, as I examine the author of the collection of books, it is that Max Planck's books 40, Felix Klein's books 24 and Ludwig Boltzman's book 17 and so on. Because I got the open permission of this list from the librarian above, I shows it on my book. If a study of the biography of Sommerfeld and history of physics, history of mathematics, the technical history can help the study of the field for many divergences by showing this list, I am happy. I gratefully acknowledge many people who helped me, particularly Dr. Mr. Simon Xalter and Mrs. Hero Scheiner at the Munich University library of mathematics, meteorology and physics for admission to this exhibition.

1705/Sommerfeld Abb 688

Autor/Hrsg.	Abbe, Ernst
Titel-Stichwort	Die Lehre von der Bildentstehung im Mikroskop
Hrsg./Bearb.	Lummer, Otto
Von	von Ernst Abbe. Bearb. u. hrsg. von Otto Lummer ...
Verl.-Ort	Braunschweig
Verlag	Vieweg
Jahr	1910
Umfang	XII, 108 S. : Ill., graph. Darst.
Regensbg.Syst.	UH 6700
Schlagwort	Mikroskop / Bild
Schlagwort2	Mikroskop / Theorie

1705/Sommerfeld Abd 687

Autor/Hrsg.	Abdank-Abakanowicz, Brunon
Titel-Stichwort	Die Integraphen
Hrsg./Bearb.	Bitterli, Emil
Beigef. Werk	Die Integralkurve und ihre Anwendungen
Von_	Von Br. Abdank-Abakanowicz. Dt. bearb. von Emil Bitterli
Verl.-Ort	Leipzig
Verlag	Teubner
Jahr	1889
Umfang	VII, 176 S. : Ill., graph. Darst.
Originaltitel	Les intégraphes <dt.>

1705/Sommerfeld Abe 1944

Autor/Hrsg.	Abel, Niels Henrik
Titel-Stichwort	Untersuchungen über die Reihe $1 + \frac{m}{1} x + \frac{m(m-1)}{1 \cdot 2} x^2 + \frac{m(m-1)(m-2)}{1 \cdot 2 \cdot 3} x^3 + \ldots$
Von	von N. H. Abel
Verl.-Ort	Leipzig
Verlag	Engelmann
Jahr	1895
Umfang	46 S.
Gesamttitel	Ostwald's Klassiker der exakten Wissenschaften. ; 71.
Fussnote	Aus: Crelle's Journal 1, 1826

Schlagwort	Reihe

1705/Sommerfeld Abe 2414

Autor/Hrsg.	Abel, Niels Henrik
Titel-Stichwort	Abhandlung über eine besondere Klasse algebraisch auflösbarer Gleichungen
Von	von N. H. Abel
Verl.-Ort	Leipzig
Verlag	Engelmann
Jahr	1900
Umfang	50 S.
Gesamttitel	Ostwald's Klassiker der exakten Wissenschaften ; 111.
Regensbg.Syst.	SG 600
Schlagwort	Algebraisch auflösbare Gleichungen
Schlagwort2	Algebraische Gleichung / Algebraische Lösung

1705/Sommerfeld Abh 410

Titel-Stichwort	Abhandlungen zur Geschichte des Stereoskops
Hrsg./Bearb.	Wheatstone, Charles
Hrsg./Bearb.	Rohr, Moritz von
Von	von Wheatstone ... . Hrsg. von M. von Rohr
Verl.-Ort	Leipzig
Verlag	Engelmann
Jahr	1908
Umfang	129 S., 8 Bl.
Gesamttitel	Ostwalds Klassiker der exakten Wissenschaften ; 168
Schlagwort	Stereoskop / Geschichte

1705/Sommerfeld Abh 460

Titel-Stichwort	Abhandlungen über die Prinzipien der Mechanik
Hrsg./Bearb.	Lagrange, Joseph Louis de
Hrsg./Bearb.	Jourdain, Philip E. B.
Von	von Lagrange ... Hrsg. von Philipp E. B. Jourdain
Verl.-Ort	Leipzig
Verlag	Engelmann
Jahr	1908
Umfang	68 S.

Gesamttitel	Ostwalds Klassiker der exakten Wissenschaften ; 167

1705/Sommerfeld Abr 356

Titel-Stichwort	Elektromagnetische Theorie der Strahlung
Von	von M. Abraham
Jahr	1905
Umfang	X, 404 S. : graph. Darst.
Band	2

1705/Sommerfeld Abr 373

Titel-Stichwort	Elektromagnetische Theorie der Strahlung
Von	von M. Abraham
Ausgabe	2. Aufl.
Jahr	1908
Umfang	XII, 404 S. : graph. Darst.

1705/Sommerfeld Abr 667

Titel-Stichwort	Einführung in die Maxwell'sche Theorie der Elektrizität
Untertitel	mit einem einleitendem Abschnitt über das Rechnen mit Vektorgrößen in der Physik
Von	von August Föppl
Ausgabe	7. Aufl. / hrsg. von M. Abraham
Jahr	1923
Umfang	VIII, 390 S. : graph. Darst.

1705/Sommerfeld Abr 689

Titel-Stichwort	Einführung in die Maxwellsche Theorie der Elektrizität
Untertitel	mit einem einleitenden Abschnitte über das Rechnen mit Vektorgrössen in der Physik
Von	von A. Föppl
Ausgabe	6., umgearb. Aufl. / hrsg. von M. Abraham
Jahr	1921
Umfang	VIII, 390 S. : graph. Darst.

1705/Sommerfeld Abr 690

Titel-Stichwort	Elektromagnetische Theorie der Strahlung
Ausgabe	4. Aufl.
Jahr	1920
Umfang	VII, 394 S. : graph. Darst.

1705/Sommerfeld Abr 694

Titel-Stichwort	Einführung in die Maxwellsche Theorie der Elektrizität
Untertitel	mit einem einleitenden Abschnitte über das Rechnen mit Vektorgrössen in der Physik
Von	Abraham
Ausgabe	8. Aufl.
Jahr	1930
Umfang	VII, 242 S.
Ill.	graph. Darst.
Sprache	ger

1705/Sommerfeld Abr 694a

Titel-Stichwort	Einführung in die Maxwellsche Theorie der Elektrizität
Untertitel	mit einem einleitenden Abschnitte über das Rechnen mit Vektorgrössen in der Physik
Von	Abraham
Ausgabe	8. Aufl.
Jahr	1930
Umfang	VII, 242 S.
Ill.	graph. Darst.
Sprache	ger

1705/Sommerfeld Abr 752

Titel-Stichwort	Elektromagnetische Theorie der Strahlung
Ausgabe	5. Aufl.
Jahr	1923
Umfang	VII, 394 S. : graph. Darst.
Sprache	ger

1705/Sommerfeld Adh 696

Autor/Hrsg.	Adhémar, Robert d'
Titel-Stichwort	Les équations aux dérivées partielles à caractéristiques réelles
Von	par R. D'Adhémar
Verl.-Ort	Paris
Verlag	Gauthier-Villars
Jahr	1907
Umfang	86, 11 S.
Gesamttitel	Scientia ; 29

1705/Sommerfeld Ahr 699

Titel-Stichwort	Scherz und Ernst in der Mathematik
Hrsg./Bearb.	Ahrens, Wilhelm
Untertitel	geflügelte und ungeflügelte Worte
Von	ges. u. hrsg. von W. Ahrens
Verl.-Ort	Leipzig
Verlag	Teubner
Jahr	1904
Umfang	X, 522 S.
Sprache	ger
Schlagwort	Mathematiker / Zitat

1705/Sommerfeld Ahr 708

Autor/Hrsg.	Ahrens, Wilhelm
Titel-Stichwort	Mathematische Unterhaltungen und Spiele
Von	von W. Ahrens
Verl.-Ort	Leipzig
Verlag	Teubner
Jahr	1901
Umfang	XII, 428 S. : Ill.

1705/Sommerfeld Ahr 712

Autor/Hrsg.	Ahrens, Wilhelm
Titel-Stichwort	Mathematiker-Anekdoten
Von	W. Ahrens
Ausgabe	2., stark veränd. Aufl.
Verl.-Ort	Leipzig [u.a.]
Verlag	Teubner
Jahr	1920
Umfang	42 S. : 1 Ill.
Gesamttitel	Mathematisch-physikalische Bibliothek / 1 ; 18

1705/Sommerfeld Air 713

Autor/Hrsg.	Airy, George Biddell
Titel-Stichwort	An elementary treatise on partial differential equations
Untertitel	designed for the use of students in the university
Von	by George Biddell Airy
Ausgabe	2. ed.
Verl.-Ort	London
Verlag	Macmillan
Jahr	1873
Umfang	VIII, 59, 32 S., 4 Taf.

1705/Sommerfeld And 410

Autor/Hrsg.	Andrews, Thomas
Titel-Stichwort	Über die Continuität der gasförmigen und flüssigen Zustände der Materie und Über den gasförmigen Zustand der Materie
Von_	von Thomas Andrews
Verl.-Ort	Leipzig
Verlag	Engelmann
Jahr	1902
Umfang	81 S.
Ill.	Ill., graph. Darst.
Gesamttitel	Ostwalds Klassiker der exakten Wissenschaften ; 132
Fussnote	Einheitssacht. des beigef. Werkes: On the gaseous state of matter
Originaltitel	On the continuity of the gaseous and liquid states of matter <dt.>
Sprache	ger

1705/Sommerfeld And 703

Autor/Hrsg.	Andrade, Edward Neville DaCosta
Titel-Stichwort	The structure of the atom
Von	by E. N. da C. Andrade
Ausgabe	3. ed., rev. and enlarged
Verl.-Ort	London
Verlag	Bell
Jahr	1927
Umfang	XVIII, 750 S. : Ill., graph. Darst.
Begleitmaterial	1 Faltbl.

1705/Sommerfeld Ang 513

Autor/Hrsg.	Angerer, Ernst von
Titel-Stichwort	Wissenschaftliche Photographie
Untertitel	eine Einführung in Theorie und Praxis
Von	von E. v. Angerer
Verl.-Ort	Leipzig
Verlag	Akad. Verl.-Ges.
Jahr	1931
Umfang	VIII, 185 S. : Ill., graph. Darst.
Sprache	ger
Schlagwort	Photographie
Signatur	1603/Wis 189 006

1705/Sommerfeld Ang 664

Autor/Hrsg.	Angerer, Ernst von
Titel-Stichwort	Technische Kunstgriffe bei physikalischen Untersuchungen
Von	von Ernst von Angerer
Verl.-Ort	Braunschweig
Verlag	Vieweg
Jahr	1924
Umfang	VIII, 116 S. : Ill., graph. Darst.
Gesamttitel	Sammlung Vieweg ; 71

1705/Sommerfeld Ans 705

Titel-Stichwort	Beschreibung des Kreiselkompasses
SBKAnsetz	Anschütz und Co. <Kiel>
Von	von Anschütz & Co.
Verl.-Ort	Kiel
Jahr	1910
Umfang	80 S. : Ill., graph. Darst.
Begleitmaterial	1 Beil.
Schlagwort	Kreiselkompass

1705/Sommerfeld App 707

Autor/Hrsg.	Appell, Paul
Autor/Hrsg.	Goursat, Édouard
Titel-Stichwort	Théorie des fonctions algébriques et de leurs intégrales
Untertitel	étude des fonctions analytiques sur une surface de Riemann
Von	par Paul Appell ; Edouard Goursat
Verl.-Ort	Paris
Verlag	Gauther-Villars
Jahr	1895
Umfang	Getr. Zählung

1705/Sommerfeld Ast 773

Autor/Hrsg.	Aston, Francis W.
Titel-Stichwort	Isotopes
Von	by F. W. Aston
Ausgabe	2. ed.
Verl.-Ort	London
Verlag	Arnold
Jahr	1924
Umfang	XI, 182 S., 5 Bl. : Ill.
Sprache	eng

1705/Sommerfeld Aue 717

Autor/Hrsg.	Auerbach, Felix
Titel-Stichwort	Ernst Abbe
Untertitel	sein Leben, sein Wirken, seine Persönlichkeit ; nach den Quellen und aus eigener

	Erfahrung geschildert
Von	von Felix Auerbach
Ausgabe	2. Aufl.
Verl.-Ort	Leipzig
Verlag	Akad. Verl.-Ges.
Jahr	1922
Umfang	XVI, 414 S., [4] Bl., [1] Faltbl.
Ill.	Titelportr., Ill., graph. Darst., Faks., Portr.
Gesamttitel	Grosse Männer ; 5
Format	25 cm
Sprache	ger

1705/Sommerfeld Aue 719

Autor/Hrsg.	Auerbach, Felix
Titel-Stichwort	Die Methoden der theoretischen Physik
Von	von Felix Auerbach
Verl.-Ort	Leipzig
Verlag	Akad. Verl.-Ges.
Jahr	1925
Umfang	X, 436 S.
Ill.	graph. Darst.
Format	24 cm
Sprache	ger
Schlagwort	Theoretische Physik / Methode

1705/Sommerfeld Aue 720

Autor/Hrsg.	Auerbach, Felix
Titel-Stichwort	Physik in graphischen Darstellungen
Von	von Felix Auerbach
Verl.-Ort	Leipzig [u.a.]
Verlag	Teubner
Jahr	1912
Umfang	X, 213, 28 S.
Ill.	überw. graph. Darst.
Format	23 cm
Sprache	ger

Schlagwort	Physik / Graphische Darstellung

1705/Sommerfeld Avo 107

Autor/Hrsg.	Avogadro, Amedeo
Titel-Stichwort	Versuch einer Methode, die Massen der Elementarmolekeln der Stoffe und die Verhältnisse, nach welchen sie in Verbindungen eintreten, zu bestimmen
Hrsg./Bearb.	Ostwald, Wilhelm
Von	von A. Avogadro
Beigef. Werk	Brief des Herrn Ampère an den Herrn Grafen Berthollet, über die Bestimmung der Verhältnisse, in welcher sich die Stoffe nach der Zahl und der wechselseitigen Anordnung der Molekeln, aus denen ihre integrirenden Partikeln zusammengesetzt sind, verbinden
Zusatz	[Abhandlungen ; (1811 u. 1814)]
Von_	Hrsg. von W. Ostwald
Verl.-Ort	Leipzig
Verlag	Engelmann
Jahr	1889
Umfang	50 S., III Bl.
Ill.	Ill.
Gesamttitel	Ostwalds Klassiker der exakten Wissenschaften ; 8
Fussnote	NT: Die Grundlagen der Molekulartheorie. - EST des beigef. Werkes: Lettre de M. Ampère à M. le comte Berthollet sur la détermination des proportions, dans lesquelles les corps se combinent d'après le nombre et la disposition respective des molécules dont leurs particules intégrantes sont composées <dt.>
Originaltitel	Essai d'une manière de déterminer les masses rélatives des molécules élémentaires des corps, et les proportions selon lesquelles elles entrent dans les combinaisons <dt.>
Sprache	ger

1705/Sommerfeld Avo 410

Autor/Hrsg.	Avogadro, Amedeo
Titel-Stichwort	Versuch einer Methode, die Massen der Elementarmolekeln der Stoffe und die Verhältnisse, nach welchen sie in Verbindungen eintreten, zu bestimmen
Hrsg./Bearb.	Ostwald, Wilhelm
Von	von A. Avogadro
Beigef. Werk	Brief des Herrn Ampère an den Herrn Grafen Berthollet, über die Bestimmung der Verhältnisse, in welcher sich die Stoffe nach der Zahl und der wechselseitigen

	Anordnung der Molekeln, aus denen ihre integrirenden Partikeln zusammengesetzt sind, verbinden
Zusatz	[Abhandlungen ; (1811 u. 1814)]
Von_	Hrsg. von W. Ostwald
Verl.-Ort	Leipzig
Verlag	Engelmann
Jahr	1889
Umfang	50 S., III Bl.
Ill.	Ill.
Gesamttitel	Ostwalds Klassiker der exakten Wissenschaften ; 8
Fussnote	NT: Die Grundlagen der Molekulartheorie. - EST des beigef. Werkes: Lettre de M. Ampère à M. le comte Berthollet sur la détermination des proportions, dans lesquelles les corps se combinent d'après le nombre et la disposition respective des molécules dont leurs particules intégrantes sont composées <dt.>
Originaltitel	Essai d'une manière de déterminer les masses rélatives des molécules élémentaires des corps, et les proportions selon lesquelles elles entrent dans les combinaisons <dt.>
Sprache	ger

1705/Sommerfeld Bac 733

Autor/Hrsg.	Bachmann, Paul
Titel-Stichwort	Niedere Zahlentheorie/1
Jahr	(1902)
Umfang	X, 402 S.

1705/Sommerfeld Bak 1295

Autor/Hrsg.	Baker, Robert Horace
Titel-Stichwort	Astronomy
Von	by Robert H. Baker
Verl.-Ort	New York
Verlag	Van Nostrand Reinhold Comp.
Jahr	1944
Umfang	VIII, 518 S. : Ill., graph. Darst.
Gesamttitel	War Department educational manual ; 439
Sprache	eng
Regensbg.Syst.	US 1000

Schlagwort	Astronomie

1705/Sommerfeld Bal 551

Autor/Hrsg.	Baltzer, Richard
Titel-Stichwort	Theorie und Anwendung der Determinanten
Von	von Richard Baltzer
Ausgabe	2. verm. Aufl.
Verl.-Ort	Leipzig
Verlag	Hirzel
Jahr	1864
Umfang	VI, 224 S.
Sprache	ger
Schlagwort	Determinante

1705/Sommerfeld Bar 165

Titel-Stichwort	Theorien des Magnetismus
Hrsg./Bearb.	Barnett, Samuel Jackson
Hrsg./Bearb.	Würschmidt, Joseph
SBKAnsetz	National Research Council / Committee on Theories of Magnetism
Untertitel	Bericht des Komitees über Theorien des Magnetismus des National Research Council in Washington
Von	von S. J. Barnett ... Übers. von Joseph Würschmidt
Verl.-Ort	Braunschweig
Verlag	Vieweg
Jahr	1925
Umfang	X, 309 S. : Ill., graph. Darst.
Gesamttitel	Die Wissenschaft ; 74
Originaltitel	Theories of magnetism <dt.>
Regensbg.Syst.	UP 6000
Schlagwort	Magnetismus / Theorie

1705/Sommerfeld Bau 722

Autor/Hrsg.	Bauer, Hans
Titel-Stichwort	Mathematische Einführung in die Gravitationstheorie Einsteins
Untertitel	nebst einer exakten Darstellung ihrer wichtigsten Ergebnisse
Von	von Hans Bauer

Verl.-Ort	Leipzig [u.a.]
Verlag	Deuticke
Jahr	1922
Umfang	VIII, 97 S.
Sprache	ger

1705/Sommerfeld Bau 739

Autor/Hrsg.	Bauer, Gustav
Titel-Stichwort	Vorlesungen über Algebra
Von	von Gustav Bauer
Verl.-Ort	Leipzig
Verlag	Teubner
Jahr	1903
Umfang	VI, 375 S. : Ill., graph. Darst.
Schlagwort	Algebra / Aufsatzsammlung

1705/Sommerfeld Bau 892

Autor/Hrsg.	Baumann, Wilhelm
Titel-Stichwort	Das ultrarote Sonnenspektrum
Hrsg./Bearb.	Mecke, Reinhard
Untertitel	von Lambda 10000 bis Lambda 7600 A.E. ; mit 6 Tafeln
Von	von W. Baumann und R. Mecke
Verl.-Ort	Leipzig
Verlag	Barth
Jahr	1934
Umfang	56 S.
Sprache	ger

1705/Sommerfeld Bay 410

Autor/Hrsg.	Bayes, Thomas
Titel-Stichwort	Versuch zur Lösung eines Problems der Wahrscheinlichkeitsrechnung
Von	von Thomas Bayes
Verl.-Ort	Leipzig
Verlag	Engelmann
Jahr	1908
Umfang	59 S.

Gesamttitel	Ostwalds Klassiker der exakten Wissenschaften ; 169
Sprache	ger
Regensbg.Syst.	SG 600
Schlagwort	Wahrscheinlichkeitsrechnung

1705/Sommerfeld Bea 7

Autor/Hrsg.	Beau, Otto
Titel-Stichwort	Analytische Untersuchungen im Gebiete der trigonometrischen Reihen und der Fourierschen Integrale
Von	von Otto Beau
Ausgabe	2. verb. u. verm. Aufl.
Verl.-Ort	Halle/S.
Verlag	Nebert
Jahr	1885
Umfang	VI, 101 S.
Sprache	ger

1705/Sommerfeld Bec 3

Autor/Hrsg.	Becher, Erich
Titel-Stichwort	Einführung in die Philosophie
Von	von Erich Becher
Verl.-Ort	München [u.a.]
Verlag	Duncker & Humblot
Jahr	1926
Umfang	XII, 310 S.
Sprache	ger
Schlagwort	Philosophie / Einführung

1705/Sommerfeld Bec 589

Autor/Hrsg.	Beckenkamp, Jakob
Titel-Stichwort	Leitfaden der Kristallographie
Von	von J. Beckenkamp
Verl.-Ort	Berlin
Verlag	Borntraeger
Jahr	1919
Umfang	XII, 466 S. : Ill., graph. Darst.

Schlagwort Kristallographie

1705/Sommerfeld Bec 723
Autor/Hrsg.	Becher, Erich
Titel-Stichwort	Deutsche Philosophen
Untertitel	Lebensgang und Lehrgebäude von Kant, Schelling, Fechner, Lotze, Lange, Erdmann, Mach, Stumpf, Bäumker, Eucken, Siegfried Becher ; mit einem Abriß über Die Philosophie der Gegenwart von Erich Becher und einer Einleitung Erich Bechers Entwicklung und Stellung in er Philosophie der Gegenwart von Aloys Fischer
Von	Erich Becher
Verl.-Ort	München [u.a.]
Verlag	Duncker & Humblot
Jahr	1929
Umfang	XXXI, 313 S. : Ill.
Sprache	ger
Regensbg.Syst.	CD 1350
Regensbg.Syst.	BF 1440
Schlagwort	Fechner, Gustav Theodor
Schlagwort2	Lotze, Hermann <Philosoph>
Schlagwort3	Lange, Friedrich Albert
Schlagwort4	Erdmann, Benno
Schlagwort5	Mach, Ernst
Schlagwort6	Stumpf, Carl <Philosoph>
Schlagwort7	Baeumker, Clemens
Schlagwort8	Eucken, Rudolf
Schlagwort9	Becher, Siegfried <Biologe>
Schlagwort10	Becher, Erich

1705/Sommerfeld Bee 724
Autor/Hrsg.	Beer, August
Titel-Stichwort	Einleitung in die höhere Optik
Von	von August Beer
Verl.-Ort	Braunschweig
Verlag	Vieweg
Jahr	1853

Umfang	XIII, 430 S. : Ill., graph. Darst.
Sprache	ger

1705/Sommerfeld Bee 727

Autor/Hrsg.	Beer, August
Titel-Stichwort	Einleitung in die Elektrostatik, die Lehre vom Magnetismus und die Elektrodynamik
Hrsg./Bearb.	Plücker, Julius
Von	von August Beer. Nach dem Tode d. Verf. hrsg. von Julius Plücker
Verl.-Ort	Braunschweig
Verlag	Vieweg
Jahr	1865
Umfang	XVI, 418 S.
Sprache	ger
Schlagwort	Beer, August / Elektrostatik
Schlagwort2	Elektrostatik

1705/Sommerfeld Ben 732

Autor/Hrsg.	Benedicks, Carl Axel Fredrik
Titel-Stichwort	Raum und Zeit
Untertitel	eines Experimentalphysikers Auffassung von diesen Begriffen und von deren Umänderung
Von	Carl Benedicks
Verl.-Ort	Zürich
Verlag	Orell Füßli
Jahr	[1923]
Umfang	52 S.
Sprache	ger
Regensbg.Syst.	UB 7500
Schlagwort	Relativitätstheorie / Interpretation

1705/Sommerfeld Ber 10

Titel-Stichwort	Abhandlungen über das Gleichgewicht und die Schwingungen der ebenen elastischen Kurven
Hrsg./Bearb.	Bernoulli, Jakob
Hrsg./Bearb.	Euler, Leonhard

Hrsg./Bearb.	Linsenbarth, Hermann
Von	von Jakob Bernoulli und Leonh. Euler. Übers. und hrsg. von H. Linsenbarth
Verl.-Ort	Leipzig
Verlag	Engelmann
Jahr	1910
Umfang	126 S.
Ill.	graph. Darst.
Gesamttitel	Ostwalds Klassiker der exakten Wissenschaften ; 175
Sprache	ger
Schlagwort	Ebene Kurve / Gleichgewicht

1705/Sommerfeld Ber 1050

Autor/Hrsg.	Berek, Max
Titel-Stichwort	Grundlagen der praktischen Optik
Untertitel	Analyse und Synthese optischer Systeme
Von	von M. Berek
Verl.-Ort	Berlin [u.a.]
Verlag	de Gruyter
Jahr	1930
Umfang	VII, 152 S.: graph. Darst.
Sprache	ger
Schlagwort	Optisches System

1705/Sommerfeld Ber 1939

Autor/Hrsg.	Berg, Carl
Titel-Stichwort	David Schwarz, Carl Berg, Graf Zeppelin
Untertitel	ein Beitrag zur Geschichte der Luftschiffahrt
Von	von Carl Berg
Verl.-Ort	München
Verlag	Eigenverl.
Jahr	1926
Umfang	72 S. : Ill., graph. Darst.
Schlagwort	Zeppelin, Ferdinand von
Schlagwort2	Berg, Carl <Unternehmer>
Schlagwort3	Schwarz, David <Ingenieur>
Schlagwort4	Luftschiff / Geschichte

1705/Sommerfeld Ber 1943

Autor/Hrsg.	Bernoulli, Jakob
Titel-Stichwort	Über unendliche Reihen
Hrsg./Bearb.	Kowalewski, Gerhard
Untertitel	(1689 - 1704)
Von	von Jakob Bernoulli. Aus d. Latein. übers. u. hrsg. von G. Kowalewski
Verl.-Ort	Leipzig
Verlag	Engelmann
Jahr	1909
Umfang	141 S.
Gesamttitel	Ostwald's Klassiker der exakten Wissenschaften. ; 171.

1705/Sommerfeld Ber 298

Titel-Stichwort	Abhandlungen von Joh. Bernoulli (1696), Jac. Bernoulli (1697) und Leonhard Euler (1744)
Jahr	1894
Umfang	143 S. : Ill.

1705/Sommerfeld Ber 9b

Autor/Hrsg.	Bertrand, Joseph Louis François
Titel-Stichwort	Leçons sur la théorie mathématique de l'électricité
Untertitel	professées au collège de France
Von	par J. Bertrand
Verl.-Ort	Paris
Verlag	Gauthier-Villars
Jahr	1890
Umfang	XIII, 296 S. : Ill., graph. Darst.
Sprache	fre

1705/Sommerfeld Bes 13

Autor/Hrsg.	Bessel, Friedrich Wilhelm
Titel-Stichwort	Darstellung der Untersuchungen und Massregeln, welche, in den Jahren 1835 - 1838, durch die Einheit des Preussischen Längenmaasses veranlasst worden sind
Untertitel	mit 7 Kupfertafeln
Von	von F. W. Bessel

Verl.-Ort	Berlin
Verlag	Kgl. Akad. der Wiss.
Jahr	1839
Umfang	IV, 148 S. : Ill.
Sprache	ger

1705/Sommerfeld Bes 15

Autor/Hrsg.	Bessel, Friedrich Wilhelm
Autor/Hrsg.	Baeyer, Johann Jacob
Titel-Stichwort	Gradmessung in Ostpreussen und ihre Verbindung mit Preussischen und Russischen Dreiecksketten
Untertitel	mit 7 Kupfertafeln
Von	ausgeführt von F. W. Bessel ; Baeyer
Verl.-Ort	Berlin
Verlag	Dümmler
Jahr	1838
Umfang	XIV, 452 S. : Ill.
Sprache	ger

1705/Sommerfeld Bia 740

Autor/Hrsg.	Bianchi, Luigi
Titel-Stichwort	Vorlesungen über Differentialgeometrie
Hrsg./Bearb.	Lukat, Max
Von	Luigi Bianchi. Autor. dt. Übers. von Max Lukat
Verl.-Ort	Leipzig
Verlag	Teubner
Jahr	1899
Umfang	XVI, 659 S. : Ill., graph. Darst.
Originaltitel	Lezioni di geometria differenziale <dt.>
Schlagwort	Differentialgeometrie / Aufsatzsammlung

1705/Sommerfeld Bie 1003

Autor/Hrsg.	Bieberbach, Ludwig
Titel-Stichwort	Galilei und die Inquisition
Von	von Ludwig Bieberbach
Ausgabe	2., durchges. Aufl.

Verl.-Ort	München
Verlag	Arbeitsgemeinschaft für Zeitgeschichte
Jahr	1942
Umfang	143 S. : Ill.
Schlagwort	Galilei, Galileo
Schlagwort2	Galilei, Galileo / Inquisition

1705/Sommerfeld Bio 745

Autor/Hrsg.	Biot, Jean-Baptiste
Titel-Stichwort	Essai de géométrie analytique, appliquée aux courbes et aux surfaces du second ordre
Von	par J.-B. Biot
Ausgabe	6. éd.
Verl.-Ort	Paris
Verlag	Bachelier
Jahr	1823
Umfang	XII, 447 S., 9 Faltbl. : Ill.
Sprache	fre

1705/Sommerfeld Bir 656

Autor/Hrsg.	Birkhoff, George David
Titel-Stichwort	Relativity and modern physics
Hrsg./Bearb.	Langer, Rudolph Ernest
Von	by George David Birkhoff. With the cooperation of Rudolph Ernest Langer
Verl.-Ort	Cambridge [u.a.]
Verlag	Harvard Univ. Pr. [u.a.]
Jahr	1923
Umfang	XI, 283 S. : Ill.
Sprache	eng

1705/Sommerfeld Bir 746

Autor/Hrsg.	Birkhoff, George David
Titel-Stichwort	The origin, nature, and influence of relativity
Untertitel	Lowell Institute lectures and Los Angeles lectures
Von	by George David Birkhoff
Verl.-Ort	New York

Verlag	Macmillan
Jahr	1925
Umfang	IX, 185 S. : Ill.
Gesamttitel	A series of mathematical texts
Sprache	eng
Schlagwort	Relativitätstheorie

1705/Sommerfeld Bje 402

Autor/Hrsg.	Bjerknes, Vilhelm F.
Titel-Stichwort	Die Kraftfelder
Von	von V. Bjerknes
Verl.-Ort	Braunschweig
Verlag	Vieweg
Jahr	1909
Umfang	XVI, 173 S. : Ill.
Gesamttitel	Die Wissenschaft ; 28
Sprache	ger
Schlagwort	Kraftfeld

1705/Sommerfeld Bje 410

Autor/Hrsg.	Bjerknes, Carl A.
Titel-Stichwort	Hydrodynamische Fernkräfte
Hrsg./Bearb.	Korn, Arthur
Untertitel	5 Abh. über d. Bewegung kugelförmiger Körper in e. inkompressiblen Flüssigkeit (1863 - 1880)
Von	von C. A. Bjerknes. Übers., hrsg. von Arthur Korn ...
Verl.-Ort	Leipzig
Verlag	Engelmann
Jahr	1915
Umfang	229 S. : Ill.
Gesamttitel	Ostwald's Klassiker der exakten Wissenschaften. ; 195.
Fussnote	Aus d. Norweg. übers.
Schlagwort	Hydrodynamische Fernkräfte

1705/Sommerfeld Bje 743

Autor/Hrsg.	Bjerknes, Carl A.
Titel-Stichwort	Niels Henrik Abel
Hrsg./Bearb.	Bjerknes, Vilhelm F.
Untertitel	eine Schilderung seines Lebens und seiner Arbeit
Von	C. A. Bjerknes. Ins. Dt. übertr. von Else Wegener-Köppen
Ausgabe	Umgearb. u. gekürzte Ausg. aus Anlaß von Abels 100jährigem Todestag / von V. Bjerknes
Verl.-Ort	Berlin
Verlag	Springer
Jahr	1930
Umfang	V, 136 S. : Ill.
Fussnote	Aus d. Norw. übers.

1705/Sommerfeld Bje 744

Autor/Hrsg.	Bjerknes, Vilhelm F.
Titel-Stichwort	C. A. Bjerknes
Hrsg./Bearb.	Bjerknes, Carl A.
Untertitel	sein Leben und seine Arbeit
Von	von V. Bjerknes. Aus d. Norweg. ins Deutsche übertr. von Else Wegener-Köppen
Verl.-Ort	Berlin
Verlag	Springer
Jahr	1933
Umfang	IV, 218 S. : Ill., graph. Darst.

1705/Sommerfeld Bla 102

Autor/Hrsg.	Bravais, Auguste
Titel-Stichwort	A. Bravais' Abhandlungen über symmetrische Polyeder
Verl.-Ort	Leipzig
Verlag	Engelmann
Jahr	1890
Umfang	50 S.
Gesamttitel	Ostwalds Klassiker der exakten Wissenschaften ; 17

1705/Sommerfeld Bla 150

Autor/Hrsg.	Blagden, Charles
Titel-Stichwort	Die Gesetze der Überkaltung und Gefrierpunktserniedrigung
Hrsg./Bearb.	Oettingen, Arthur J. von
Untertitel	2 Abhandlungen ; (1788)
Von	von Charles Blagden. Hrsg. von A. J. von Oettingen
Verl.-Ort	Leipzig
Verlag	Engelmann
Jahr	1894
Umfang	49 S.
Gesamttitel	Ostwalds Klassiker der exakten Wissenschaften ; 56
Originaltitel	Experiments on the cooling of water below its freezing point <dt.>
Sprache	ger
Regensbg.Syst.	UB 2823
Schlagwort	Gefrierpunktserniedrigung
Schlagwort2	Überkaltung

1705/Sommerfeld Bla 19

Autor/Hrsg.	Blater, Joseph
Titel-Stichwort	Tafel der Viertel-Quadrate aller ganzen Zahlen von 1 bis 200000
Untertitel	welche die Ausführung von Multiplikationen, Quadrirungen und das Ausziehen der Quadratwurzel bedeutend erleichtert und durch vorzügliche Correctheit fehlerlose Resultate verbürgt
Von	berechnet und auf eigene Kosten hrsg. von Joseph Blater
Verl.-Ort	Wien
Verlag	Hölder
Jahr	1887
Umfang	16, 205 S.
Sprache	ger

1705/Sommerfeld Boc 468

Autor/Hrsg.	Bôcher, Maxime
Titel-Stichwort	An introduction to the study of integral equations
Von	by Maxime B"ocher
Verl.-Ort	Cambridge
Verlag	Univ. Pr.

Jahr 1909

Umfang 71 S.

Gesamttitel Cambridge tracts in mathematics and mathematical physics ; 10

1705/Sommerfeld Boh 617

Autor/Hrsg. Bohr, Niels

Titel-Stichwort Abhandlungen über Atombau aus den Jahren 1913 - 1916

Von N. Bohr. Autoris. dt. Übers. von Hugo Stintzing. Mit einem Geleitw. von N. Bohr

Verl.-Ort Braunschweig

Verlag Vieweg

Jahr 1921

Umfang XIX, 155 S.

Format 23 cm

Sprache ger

Schlagwort Atombau/Aufsatzsammlung

1705/Sommerfeld Boh 749

Autor/Hrsg. Bohr, Niels

Titel-Stichwort Drei Aufsätze über Spektren und Atombau

Von von N. Bohr

Verl.-Ort Braunschweig

Verlag Vieweg

Jahr 1922

Umfang VII, 148 S. : graph. Darst.

Gesamttitel Sammlung Vieweg ; 56

1705/Sommerfeld Boh 751

Autor/Hrsg. Bohr, Niels

Titel-Stichwort Über die Quantentheorie der Linienspektren

Von von N. Bohr. Übersetzt von P. Hertz

Verl.-Ort Braunschweig

Verlag Vieweg

Jahr 1923

Umfang IV, 168 S.

Formal	23 cm
Originaltitel	On the quantum theory of line spectra <dt.>
Sprache	ger
Schlagwort	Linienstrahlung / Quantentheorie
Schlagwort2	Atomspektrum / Quantentheorie

1705/Sommerfeld Boh 756

Titel-Stichwort	Die ersten zehn Jahre der Theorie von Niels Bohr Über den Bau der Atome
Hrsg./Bearb.	Bohr, Niels
Verl.-Ort	Berlin
Verlag	Springer
Jahr	1923
Umfang	S. 536 - 624 : Ill., graph. Darst.
Gesamttitel	Die Naturwissenschaften ; 11,27
Fussnote	Enth.: 12 Artikel von verschiedenen Autoren und die Nobelpreisrede "Über den Bau der Atome" / von Niels Bohr. - Einzelaufnahme eines Zs.-H.
Sprache	ger

1705/Sommerfeld Bol 27/1

Titel-Stichwort	Ableitung der Grundgleichungen für ruhende, homogene, isotrope Körper
Jahr	1891
Umfang	XII, 139 S., II Bl. : graph. Darst.
Sprache	ger

1705/Sommerfeld Bol 27/2

Titel-Stichwort	Verhältniss zur Fernwirkungstheorie; specielle Fälle der Elektrostatik, stationären Strömung und Induction
Jahr	1893
Umfang	VIII, 166 S., [2] Faltbl. : graph. Darst.
Sprache	ger

1705/Sommerfeld Bol 297/1

Titel-Stichwort	Theorie der Gase mit einatomigen Molekülen, deren Dimensionen gegen die mittlere Weglänge verschwinden
Jahr	1896

Umfang   VIII, 204 S.

1705/Sommerfeld Bol 297/2
Titel-Stichwort Theorie van der Waals', Gase mit zusammengesetzten Molekülen,
                     Gasdissociation, Schlußbemerkungen
Jahr   1898
Umfang   X, 265 S.

1705/Sommerfeld Bol 312/1
Titel-Stichwort Die Principe, bei denen nicht Ausdrücke nach der Zeit integrirt werden, welche
                     Variationen der Coordinaten oder ihrer Ableitungen nach der Zeit enthalten
Jahr   1897
Umfang   X, 241 S. : graph. Darst.

1705/Sommerfeld Bol 312/2
Titel-Stichwort Die Wirkungsprinzipe, die Lagrangeschen Gleichungen und deren Anwendungen
Jahr   1904
Umfang   X, 335 S.
Ill.   graph. Darst.
Sprache   ger

1705/Sommerfeld Bol 406/1
Titel-Stichwort (1865 - 1874)
Jahr   1909
Umfang   VIII, 652 S.

1705/Sommerfeld Bol 406/2
Titel-Stichwort (1875 - 1881)
Jahr   1909
Umfang   VI, 595 S.

1705/Sommerfeld Bol 406/3
Titel-Stichwort (1882 - 1905)
Jahr   1909
Umfang   VIII, 706 S.

1705/Sommerfeld Bol 070

Autor/Hrsg.	Boltzmann, Ludwig
Titel-Stichwort	Populäre Schriften
Von	von Ludwig Boltzmann
Ausgabe	3., unveränd. Aufl.
Verl.-Ort	Leipzig
Verlag	Barth
Jahr	1925
Umfang	VI, 440 S. : Ill.
Sprache	ger

1705/Sommerfeld Bol 757

Autor/Hrsg.	Buchholz, Hugo
Titel-Stichwort	Elastizitätstheorie und Hydromechanik
Von	hrsg. von Hugo Buchholz
Jahr	1920
Umfang	XIII S., S. 608 - 820 : Ill. graph. Darst.
Fussnote	Sonderausgabe aus dem Werke: Hugo Buchholz, "Angewandte Mathematik". Leipzig, Barth 1916

1705/Sommerfeld Bol 764

Titel-Stichwort	Festschrift Ludwig Boltzmann gewidmet zum sechzigsten Geburtstag
gefeierte Pers.	Boltzmann, Ludwig
Untertitel	20. Februar 1904
Verl.-Ort	Leipzig
Verlag	Barth
Jahr	1904
Umfang	XII, 930 S., [2] Faltbl. : Titelportr., Ill., graph. Darst., Kt.
Fussnote	Beitr. teilw. dt., teilw. engl., teilw. franz.
Sprache	ger

1705/Sommerfeld Bol 766

Autor/Hrsg.	Boltzmann, Ludwig
Titel-Stichwort	Populäre Schriften
Von	von Ludwig Boltzmann
Verl.-Ort	Leipzig

Verlag	Barth
Jahr	1905
Umfang	VI, 440 S.
Format	22 cm
Sprache	ger
Schlagwort	Physik / Aufsatzsammlung

1705/Sommerfeld Bol 770/1

Titel-Stichwort	Die Principe, bei denen nicht Ausdrücke nach der Zeit integrirt werden, welche Variationen der Coordinaten oder ihrer Ableitungen nach der Zeit enthalten
Jahr	1897
Umfang	X, 241 S. : graph. Darst.

1705/Sommerfeld Bol 770/2

Titel-Stichwort	Die Wirkungsprinzipe, die Lagrangeschen Gleichungen und deren Anwendungen
Jahr	1904
Umfang	X, 335 S.
Ill.	graph. Darst.
Sprache	ger

1705/Sommerfeld Bol 771/1

Titel-Stichwort	Ableitung der Grundgleichungen für ruhende, homogene, isotrope Körper
Jahr	1891
Umfang	XII, 139 S., II Bl. : graph. Darst.
Sprache	ger

1705/Sommerfeld Bol 771/2

Titel-Stichwort	Verhältniss zur Fernwirkungstheorie; specielle Fälle der Elektrostatik, stationären Strömung und Induction
Jahr	1893
Umfang	VIII, 166 S., [2] Faltbl. : graph. Darst.
Sprache	ger

1705/Sommerfeld Bon 825

Autor/Hrsg.	Bonola, Roberto
Titel-Stichwort	Non-Euclidean geometry

Hrsg./Bearb.	Carslaw, Horatio S.
Untertitel	a critical and historical study of its development
Von	by Roberto Bonola. Author. Engl. transl. with add. appendices by H. S. Carslaw
Verl.-Ort	Chicago, Ill.
Verlag	Open Court Publ. Co.
Jahr	1912
Umfang	XII, 268 S. : graph. Darst.
Originaltitel	La geometría non-euclídea <dt.>
Sprache	eng

1705/Sommerfeld Boo 774

Autor/Hrsg.	Boole, George
Titel-Stichwort	Die Grundlehren der endlichen Differenzen- und Summenrechnung
Hrsg./Bearb.	Schnuse, Christian Heinrich
Von	von George Boole. Dt. bearb. von C. H. Schnuse
Verl.-Ort	Braunschweig
Verlag	Leibrock
Jahr	1867
Umfang	VI, 269 S.
Originaltitel	Treatise on the calculus of finite differences <dt.>
Sprache	ger

1705/Sommerfeld Bor 2313

Autor/Hrsg.	Born, Max
Titel-Stichwort	Untersuchungen über die Stabilität der elastischen Linie in Ebene und Raum unter verschiedenen Grenzbedingungen
Untertitel	am 13. Juni 1906 von der hohen philosophischen Fakultät der Georg-August-Universität zu Göttingen gekrönte Preisschrift
Von	von Max Born
Verl.-Ort	Göttingen
Verlag	Vandenhoeck & Ruprecht
Jahr	1906
Umfang	103 S. : Taf.
Fussnote	Zugl.: Göttingen, Univ., Diss., 1906

1705/Sommerfeld Bor 398

Autor/Hrsg.	Borel, Émile
Titel-Stichwort	Leçons sur les séries divergentes
Von	par Émile Borel
Verl.-Ort	Paris
Verlag	Gauthier-Villars
Jahr	1901
Umfang	VI, 182 S.
Gesamttitel	Nouvelles leçons sur la théorie des fonctions
Sprache	fre
Schlagwort	Divergente Reihe
Schlagwort2	Divergente Reihen

1705/Sommerfeld Bor 403

Autor/Hrsg.	Borel, Émile
Titel-Stichwort	Éléments de la théorie des probabilités
Von	par Émile Borel
Verl.-Ort	Paris
Verlag	Hermann
Jahr	1909
Umfang	VII, 191 S. : graph. Darst.
Gesamttitel	Cours de la faculté des sciences de Paris
Sprache	fre
Lokale Notation	LB

1705/Sommerfeld Bos 775

Autor/Hrsg.	Bose, Jagadis Chandra
Titel-Stichwort	Collected physical papers
Von	of Jagadis Chunder Bose
Verl.-Ort	London [u.a.]
Verlag	Longmans, Green
Jahr	1927
Umfang	XIII, 404 S. : Ill., graph. Darst.
Gesamttitel	Bose Institute Transactions
Sprache	eng

1705/Sommerfeld Bou 814

Autor/Hrsg.	Boussinesq, Joseph
Titel-Stichwort	Leçons synthétiques de mécanique générale
Untertitel	servant d'introduction au cours de mécanique physique de la Falculté des Sciences de Paris
Von	par J. Boussinesq
Verl.-Ort	Paris
Verlag	Gauthier-Villars
Jahr	1889
Umfang	XI, 132 S.

1705/Sommerfeld Bra 286

Autor/Hrsg.	Bravais, Auguste
Titel-Stichwort	Abhandlung über die Systeme von regelmässig auf einer Ebene oder im Raum vertheilten Punkten
Verl.-Ort	Leipzig
Verlag	Engelmann
Jahr	1897
Umfang	142 S. : graph. Darst.
Gesamttitel	Ostwald's Klassiker der exakten Wissenschaften. ; 90.
Fussnote	EST: Memoire sur les systèmes formés par des points distribués régulièrement sur un plan ou dans l'espace (dt.)

1705/Sommerfeld Bra 550

Autor/Hrsg.	Brass, Arnold
Titel-Stichwort	Allgemeines über Licht und Farben
Jahr	1906
Umfang	VI, 192 S., [8] Bl.
Ill.	Ill., graph. Darst.
Sprache	ger

1705/Sommerfeld Bra 784

Titel-Stichwort	Von den ältesten Zeiten bis zur Erfindung der Logarithmen
Jahr	1900
Umfang	VII, 260 S.

1705/Sommerfeld Bra 785

Titel-Stichwort	Von der Erfindung der Logarithmen bis auf die Gegenwart
Jahr	1903
Umfang	XI, 264 S.

1705/Sommerfeld Bre 28

Titel-Stichwort	Constructive Geometrie der Kegelschnitte auf Grund der Focaleigenschaften
Hrsg./Bearb.	Breuer, Adalbert
Untertitel	ein Lehrbuch für höhere Unterrichtsanstalten und für den Selbstunterricht
Von	einheitlich entwickelt von Adalbert Breuer
Verl.-Ort	Eisenach
Verlag	Bacmeister
Jahr	1888
Umfang	[5] Bl., 110 S. : Ill.
Sprache	ger

1705/Sommerfeld Bri 21

Autor/Hrsg.	Briot, Charles
Titel-Stichwort	Théorie des fonctions abéliennes
Von	par Ch. Briot
Verl.-Ort	Paris
Verlag	Gauthier-Villars
Jahr	1879
Umfang	XIX, 181 S. : graph. Darst.

1705/Sommerfeld Bri 2246

Autor/Hrsg.	Brillouin, Léon
Titel-Stichwort	La théorie des quanta et l' atome de Bohr
Von	Léon Brillouin
Verl.-Ort	Paris
Verlag	Presses Univ. de France
Jahr	1922
Umfang	181 S. : graph. Darst.
Gesamttitel	Recueil des conférences-rapports de documentation sur la physique ; 2
Fussnote	2. Aufl. u.d.T.: Brillouin, Léon: L'atome de Bohr
Sprache	fre

1705/Sommerfeld Bri 2292

Autor/Hrsg.	Brillouin, Léon
Titel-Stichwort	Les tenseurs en mécanique et en élasticité
Von	par Léon Brillouin
Verl.-Ort	Paris
Verlag	Masson
Jahr	1938
Umfang	370 S. : graph. Darst.
Gesamttitel	Cours de physique théorique
Sprache	fre

1705/Sommerfeld Bri 2299

Titel-Stichwort	Les statistiques quantiques et leurs applications
Ausgabe	2. éd.
Jahr	1930
Umfang	192 S. : graph. Darst.

1705/Sommerfeld Bri 2300

Titel-Stichwort	Les statistiques quantiques et leurs applications
Ausgabe	2. éd.
Jahr	1930
Umfang	S. 194 - 404 : graph. Darst.

1705/Sommerfeld Bri 418

Autor/Hrsg.	Brill, Alexander
Titel-Stichwort	Vorlesungen zur Einführung in die Mechanik raumerfüllender Massen
Von	von Alexander Brill
Verl.-Ort	Leipzig [u.a.]
Verlag	Teubner
Jahr	1909
Umfang	X, 236 S.
Ill.	graph. Darst.
Format	25 cm
Sprache	ger
Schlagwort	Mechanik / Einführung

1705/Sommerfeld Bri 46

Autor/Hrsg.	Brillouin, Léon
Titel-Stichwort	Conductibilité électrique et thermique des métaux
Von	par L. Brillouin
Verl.-Ort	Paris
Verlag	Hermann
Jahr	1934
Umfang	71, 3 S. : graph. Darst.
Gesamttitel	Actualités scientifiques et industrielles : Réunion internationale de chimie-physique ; 9
Gesamttitel	Actualités scientifiques et industrielles ; 89
Sprache	fre

1705/Sommerfeld Bri 48

Autor/Hrsg.	Brillouin, Léon
Titel-Stichwort	L'atome de Thomas-Fermi et la méthode du champ "self-consistent"
Von	par L. Brillouin
Verl.-Ort	Paris
Verlag	Hermann
Jahr	1934
Umfang	46 S. : graph. Darst.
Gesamttitel	Actualités scientifiques et industrielles : Exposés sur la théorie des quanta ; 5
Gesamttitel	Actualités scientifiques et industrielles ; 160
Sprache	fre

1705/Sommerfeld Bri 49

Autor/Hrsg.	Brillouin, Léon
Titel-Stichwort	Les électrons dans les métaux du point de vue ondulatoire
Von	par L. Brillouin
Verl.-Ort	Paris
Verlag	Hermann
Jahr	1934
Umfang	32, 3 S. : graph. Darst.
Gesamttitel	Actualités scientifiques et industrielles : Réunion internationale de chimie-physique ; 8

Gesamttitel	Actualités scientifiques et industrielles ; 88
Sprache	fre

1705/Sommerfeld Bri 52

Autor/Hrsg.	Brillouin, Léon
Titel-Stichwort	La méthode du champ self-consistent
Von	par L. Brillouin
Verl.-Ort	Paris
Verlag	Hermann
Jahr	1933
Umfang	46 S. : graph. Darst.
Gesamttitel	Actualités scientifiques et industrielles : Exposés sur la théorie des quanta ; 3
Gesamttitel	Actualités scientifiques et industrielles ; 71
Sprache	fre

1705/Sommerfeld Bri 54

Autor/Hrsg.	Brillouin, Léon
Titel-Stichwort	Les champs "self-consistents" de Hartree et de Fock
Von	par L. Brillouin
Verl.-Ort	Paris
Verlag	Hermann
Jahr	1934
Umfang	37 S.
Gesamttitel	Actualités scientifiques et industrielles : Exposés sur la théorie des quanta ; 4
Gesamttitel	Actualités scientifiques et industrielles ; 159
Sprache	fre

1705/Sommerfeld Bri 55

Autor/Hrsg.	Brillouin, Léon
Titel-Stichwort	La diffraction de la lumière par des ultra-sons
Von	par L. Brillouin
Verl.-Ort	Paris
Verlag	Hermann
Jahr	1933
Umfang	31 S. : graph. Darst.
Gesamttitel	Actualités scientifiques et industrielles : Exposés sur la théorie des quanta ; 2

Gesamttitel	Actualités scientifiques et industrielles ; 59
Sprache	fre

1705/Sommerfeld Bri 56

Autor/Hrsg.	Brillouin, Léon
Titel-Stichwort	La structure des corps solides dans la physique moderne
Von	par L. Brillouin
Verl.-Ort	Paris
Verlag	Hermann
Jahr	1937
Umfang	53 S. : Ill., graph. Darst.
Gesamttitel	Actualités scientifiques et industrielles : Bibliothèque de la Société Philomathique de Paris ; 2
Gesamttitel	Actualités scientifiques et industrielles ; 549
Sprache	fre

1705/Sommerfeld Bri 776

Autor/Hrsg.	Brill, Alexander
Titel-Stichwort	Vorlesungen über allgemeine Mechanik
Von	von Alexander Brill
Verl.-Ort	München [u.a.]
Verlag	Oldenbourg
Jahr	1928
Umfang	VIII, 356 S.
Ill.	Ill., graph. Darst.
Format	25 cm
Sprache	ger
Schlagwort	Mechanik / Einführung

1705/Sommerfeld Bri 777

Autor/Hrsg.	Brillouin, Marcel
Titel-Stichwort	Propagation de l'électricité
Untertitel	histoire et théorie
Von	par Marcel Brillouin
Verl.-Ort	Paris
Verlag	Hermann

Jahr	1904
Umfang	VI, 385 S., [4] Faltbl.
Ill.	graph. Darst.
Gesamttitel	Cours du collège de France
Format	25 cm
Sprache	fre
Schlagwort	Elektromagnetische Welle / Wellenausbreitung
Schlagwort2	Elektrizitätsleitung

1705/Sommerfeld Bri 780

Autor/Hrsg.	Brill, Alexander
Titel-Stichwort	Vorlesungen zur Einführung in die Mechanik raumerfüllender Massen
Von	von Alexander Brill
Verl.-Ort	Leipzig [u.a.]
Verlag	Teubner
Jahr	1909
Umfang	X, 236 S.
Ill.	graph. Darst.
Format	25 cm
Sprache	ger
Regensbg.Syst.	UF 1000
Schlagwort	Mechanik / Einführung

1705/Sommerfeld Bru 797

Autor/Hrsg.	Bruns, Heinrich
Titel-Stichwort	Grundlinien des wissenschaftlichen Rechnens
Von	von Heinrich Bruns
Verl.-Ort	Leipzig
Verlag	Teubner
Jahr	1903
Umfang	VI, 159 S.

1705/Sommerfeld Buc 2276

Autor/Hrsg.	Buchwald, Eberhard
Titel-Stichwort	Einführung in die Kristalloptik
Von	von Eberhard Buchwald

Verl.-Ort	Berlin [u.a.]
Verlag	Göschen
Jahr	1912
Umfang	124 S. : Ill., graph. Darst.
Gesamttitel	Sammlung Göschen ; 619
Sprache	ger
Schlagwort	Kristalloptik / Einführung

1705/Sommerfeld Buc 789

Autor/Hrsg.	Buckingham, Edgar
Titel-Stichwort	An outline of the theory of thermodynamics
Von	by Edgar Buckingham
Verl.-Ort	New York [u.a.]
Verlag	Macmillan
Jahr	1900
Umfang	XI, 205 S. : Ill., graph. Darst.
Sprache	eng

1705/Sommerfeld Bud 567

Autor/Hrsg.	Budde, Emil
Titel-Stichwort	Tensoren und Dyaden im dreidimensionalen Raum
Untertitel	ein Lehrbuch
Von	von E. Budde
Verl.-Ort	Braunschweig
Verlag	Vieweg
Jahr	1914
Umfang	XII, 248 S. : graph. Darst.
Schlagwort	Tensor

1705/Sommerfeld Bud 788

Autor/Hrsg.	Budde, Emil
Titel-Stichwort	Tensoren und Dyaden im dreidimensionalen Raum
Untertitel	ein Lehrbuch
Von	von E. Budde
Verl.-Ort	Braunschweig
Verlag	Vieweg

Jahr	1914
Umfang	XII, 248 S. : graph. Darst.
Schlagwort	Tensor

1705/Sommerfeld Bun 10

Autor/Hrsg.	Bunsen, Robert Wilhelm
Titel-Stichwort	Photochemische Untersuchungen/2
Jahr	1892
Umfang	107 S.

1705/Sommerfeld Bun 1950

Autor/Hrsg.	Bunsen, Robert Wilhelm
Titel-Stichwort	Untersuchungen über die Kakodylreihe
Von	von Robert Bunsen
Verl.-Ort	Leipzig
Verlag	Engelmann
Jahr	1891
Umfang	148 S.
Ill.	graph. Darst.
Gesamttitel	Ostwalds Klassiker der exakten Wissenschaften ; 27
Sprache	ger

1705/Sommerfeld Bur 1296/2

Autor/Hrsg.	Faber, Georg
Titel-Stichwort	Elliptische Funktionen
Ausgabe	3., vollst. umgearb. Aufl. / besorgt von Georg Faber
Jahr	1920
Umfang	XVI, 444 S. : Ill., graph. Darst.

1705/Sommerfeld Bur 475/1,1

Titel-Stichwort	Algebraische Analysis
Ausgabe	2., durchges. u. verm. Aufl.
Jahr	1908
Umfang	XII, 199 S.

1705/Sommerfeld Bur 475/2

Autor/Hrsg. Faber, Georg
Titel-Stichwort Elliptische Funktionen
Ausgabe 3., vollst. umgearb. Aufl. / besorgt von Georg Faber
Jahr 1920
Umfang XVI, 444 S. : Ill., graph. Darst.

1705/Sommerfeld Bur 803

Titel-Stichwort Einführung in die Theorie der analytischen Functionen einer complexen Veränderlichen
Jahr 1897
Umfang XII, 213 S. : graph. Darst.

1705/Sommerfeld Bur 804

Titel-Stichwort Algebraische Analysis
Jahr 1903
Umfang XII, 195 S.

1705/Sommerfeld Bur 806

Titel-Stichwort Elliptische Funktionen
Jahr 1899
Umfang XIV, 373 S. : graph. Darst.

1705/Sommerfeld Byk 450

Titel-Stichwort Die idealen Gase
Jahr 1910
Umfang IV, 102 S.

1705/Sommerfeld Cam 2304

Autor/Hrsg. Camerarius, Rudolf Jakob
Titel-Stichwort Über das Geschlecht der Pflanzen
Untertitel 1694
Von von R. J. Camerarius
Verl.-Ort Leipzig
Verlag Engelmann
Jahr 1899

Umfang	XIII, 78 S.
Ill.	Ill.
Gesamttitel	Ostwalds Klassiker der exakten Wissenschaften ; 105
Originaltitel	De sexu plantarum epistola <dt.>
Sprache	ger
Schlagwort	Pflanzen / Geschlecht

1705/Sommerfeld Cam 292

Autor/Hrsg.	Camichel, Charles
Titel-Stichwort	Étude expérimentale sur l'absorption de la lumière par les cristaux
Von	par Charles Camichel
Verl.-Ort	Paris
Verlag	Gauthier-Villars
Jahr	1895
Umfang	61 S.
Fussnote	Zugl.: Paris, Univ., Diss.
Sprache	fre

1705/Sommerfeld Cam 445

Autor/Hrsg.	Campbell, Norman Robert
Titel-Stichwort	Modern electrical theory
Von	by Norman Robert Campbell
Verl.-Ort	Cambridge
Verlag	Univ. Press
Jahr	1907
Umfang	XII, 332 S.
Gesamttitel	Cambridge physical series

1705/Sommerfeld Can 819

Titel-Stichwort	Von 1200 - 1668
Ausgabe	2. Aufl.
Jahr	1900
Umfang	XII, 943 S.

1705/Sommerfeld Car 410

Autor/Hrsg.	Carnot, Sadi
Titel-Stichwort	Betrachtungen über die bewegende Kraft des Feuers und die zur Entwicklung dieser Kraft geeigneten Maschinen
Von	von S. Carnot
Ausgabe	2. unveränd. Abdr.
Verl.-Ort	Leipzig
Verlag	Engelmann
Jahr	1909
Umfang	72 S.
Ill.	Ill.
Gesamttitel	Ostwalds Klassiker der exakten Wissenschaften ; 37
Originaltitel	Réflexions sur la puissance motrice du feu ... <dt.>

1705/Sommerfeld Car 820

Autor/Hrsg.	Carslaw, Horatio S.
Titel-Stichwort	Introduction to the theory of Fourier's series and integrals
Von	by H. S. Carslaw
Ausgabe	2. ed., completely rev.
Verl.-Ort	London
Verlag	Macmillan
Jahr	1921
Umfang	XI, 323 S. : Ill, graph. Darst.
Fussnote	Bibliography S. 302 - 317
Sprache	eng

1705/Sommerfeld Car 821

Autor/Hrsg.	Carslaw, Horatio S.
Titel-Stichwort	Introduction to the mathematical theory of the conduction of heat in solids
Von	by H. S. Carslaw
Ausgabe	2. ed., completely rev.
Verl.-Ort	London
Verlag	Macmillan
Jahr	1921
Umfang	XII, 268 S. : graph. Darst.
Fussnote	Bibliography S. 250 - 264

Sprache	eng

1705/Sommerfeld Car 826

Autor/Hrsg.	Carslaw, Horatio S.
Titel-Stichwort	Plane trigonometry
Untertitel	an elementary text-book for the higher classes of secondary schools and for colleges
Von	by H. S. Carslaw
Verl.-Ort	London
Verlag	Macmillan
Jahr	1909
Umfang	XVIII, 293, XI S. : graph. Darst.
Sprache	eng

1705/Sommerfeld Cas 830

Autor/Hrsg.	Castelfranchi, Gaetano
Titel-Stichwort	Fisica moderna
Untertitel	visione sintetica, pianamente esposta, della fisica d'oggi e dei lavori teorici e sperimentali dei maggiori fisici contemporanei
Von	Gaetano Castelfranchi
Verl.-Ort	Milano
Verlag	Hoepli
Jahr	1929
Umfang	IX, 588 S. : graph. Darst.
Sprache	ita

1705/Sommerfeld Cas 832

Titel-Stichwort	Phänomenologie der Erkenntnis
Jahr	1929
Umfang	XII, 559 S.

1705/Sommerfeld Cau 2415

Autor/Hrsg.	Cauchy, Augustin Louis
Titel-Stichwort	Abhandlung über bestimmte Integrale zwischen imaginären Grenzen (1825)
Verl.-Ort	Leipzig
Verlag	Engelmann

Jahr	1900
Umfang	80 S.
Gesamttitel	Ostwald's Klassiker der exakten Wissenschaften. ; 112.
Fussnote	EST: Memoire sur les intégrales définies, prisesentre des limites imaginaires <dt.>
Schlagwort	Funktionentheorie / Integral

1705/Sommerfeld Ces 845

Autor/Hrsg.	Cesàro, Ernesto
Titel-Stichwort	Vorlesungen über natürliche Geometrie
Von	Ernesto Cesàro
Ausgabe	Autoris. dt. Ausg.
Verl.-Ort	Leipzig
Verlag	Teubner
Jahr	1901
Umfang	VI, 341 S.
Originaltitel	Lezioni di geometria intrinseca <dt.>

1705/Sommerfeld Ces 847

Autor/Hrsg.	Cesàro, Ernesto
Titel-Stichwort	Elementares Lehrbuch der algebraischen Analysis und der Infinitesimalrechnung
Hrsg./Bearb.	Kowalewski, Gerhard
Untertitel	mit zahlreichen Übungsbeispielen
Von	Ernesto Cesàro. Nach e. Ms. d. Verf. dt. hrsg. von Gerhard Kowalewski
Verl.-Ort	Leipzig
Verlag	Teubner
Jahr	1904
Umfang	894 S. : graph. Darst.
Schlagwort	Infinitesimalrechnung
Schlagwort2	Analysis

1705/Sommerfeld Cha 837

Autor/Hrsg.	Chasles, Michel
Titel-Stichwort	Geschichte der Geometrie
Hrsg./Bearb.	Sohncke, Ludwig Adolph
Untertitel	hauptsächlich mit Bezug auf die neueren Methoden

Von	von Chasles. Aus dem Franz. übertr. durch L. A. Sohncke
Verl.-Ort	Halle
Verlag	Gebauer
Jahr	1839
Umfang	VIII, 662 S.
Originaltitel	Aperçu historique sur l'origine et le développement des méthodes en géométrie <dt.>
Schlagwort	Geometrie / Geschichte

1705/Sommerfeld Cha 844

Autor/Hrsg.	Chatley, Herbert
Titel-Stichwort	Studies in molecular force
Von	by Herbert Chatley
Verl.-Ort	London
Verlag	Griffin
Jahr	1928
Umfang	XI, 118 S.
Gesamttitel	Griffin's scientific text-books
Sprache	eng

1705/Sommerfeld Chvo 582/1,2

Autor/Hrsg.	Schmidt, Gerhard
Titel-Stichwort	Die Lehre von den gasförmigen, flüssigen und festen Körpern
Ausgabe	2. verb. u. verm. Aufl. / hrsg. von Gerhard Schmidt
Jahr	1918
Umfang	X, 424 S. : Ill., graph. Darst.

1705/Sommerfeld Cla 2243

Autor/Hrsg.	Clausius, Rudolf
Titel-Stichwort	Über die bewegende Kraft der Wärme und die Gesetze, welche sich daraus für die Wärmelehre selbst ableiten lassen
Von	von R. Clausius
Verl.-Ort	Leipzig
Verlag	Engelmann
Jahr	1898
Umfang	55 S.

Ill.	Ill.
Gesamttitel	Ostwalds Klassiker der exakten Wissenschaften ; 99
Sprache	ger
Schlagwort	Thermodynamik / Geschichte 1850 / Quelle

1705/Sommerfeld Cla 31/1

Titel-Stichwort	Entwickelung der Theorie, soweit sie sich aus den beiden Hauptsätzen ableiten lässt, nebst Anwendungen
Ausgabe	2., umgearb. u. vervollst. Aufl.
Jahr	1876
Umfang	XVI, 388 S. : graph. Darst.
Sprache	ger

1705/Sommerfeld Cla 31/2

Titel-Stichwort	Die mechanische Behandlung der Electricität
Ausgabe	2., umgearb. und vervollst. Aufl.
Jahr	1879
Umfang	XII, 352 S.
Sprache	ger

1705/Sommerfeld Cla 33

Autor/Hrsg.	Clausius, Rudolf
Titel-Stichwort	Die Potentialfunction und das Potential
Untertitel	ein Beitrag zur mathematischen Physik
Von	von R. Clausius
Ausgabe	4. verm. Aufl.
Verl.-Ort	Leipzig
Verlag	Barth
Jahr	1885
Umfang	X, 178 S.
Format	24 cm
Sprache	ger
Schlagwort	Potenzialfunktion

1705/Sommerfeld Cla 361

Titel-Stichwort	Die kinetische Theorie der Gase
Ausgabe	2., umgearb. und vervollst. Aufl. des u.d.T. "Abhandlungen über die mechanische Wärmetheorie" erschienenen Buches
Jahr	1889 -1891
Umfang	XVI, 264 S.
Ill.	graph. Darst.
Format	23 cm
Sprache	ger

1705/Sommerfeld Cle 833/1

Titel-Stichwort	Geometrie der Ebene
Jahr	1876
Umfang	XII, 1050 S. : graph. Darst.
Sprache	ger

1705/Sommerfeld Cle 834/2,1

Titel-Stichwort	Die Flächen erster und zweiter Ordnung oder Klasse und der lineare Complex
Jahr	1891
Umfang	VIII, 650 S. : graph. Darst.
Sprache	ger

1705/Sommerfeld Cle 835

Autor/Hrsg.	Clebsch, Alfred
Titel-Stichwort	Theorie der Elasticität fester Körper
Von	von A. Clebsch
Verl.-Ort	Leipzig
Verlag	Teubner
Jahr	1862
Umfang	XI, 424 S.
Format	22 cm
Sprache	ger
Schlagwort	Elastizitätstheorie / Einführung

1705/Sommerfeld Coh 386

Autor/Hrsg.	Cohn, Emil
Titel-Stichwort	Das elektromagnetische Feld
Untertitel	Vorlesungen über die Maxwell'sche Theorie
Von	von Emil Cohn
Verl.-Ort	Leipzig
Verlag	Hirzel
Jahr	1900
Umfang	XXIII, 572 S. : graph. Darst.
Sprache	ger
Schlagwort	Elektromagnetisches Feld

1705/Sommerfeld Coh 505

Autor/Hrsg.	Cohn, Emil
Titel-Stichwort	Physikalisches über Raum und Zeit
Von	von Emil Cohn
Ausgabe	2., verb. Aufl.
Verl.-Ort	Leipzig u.a.
Verlag	Teubner
Jahr	1913
Umfang	24 S. : graph. Darst.
Gesamttitel	Urania, Institut für Volkstümliche Naturkunde <Berlin>: Naturwissenschaftliche Vorträge und Schriften ; 6
Sprache	ger
Schlagwort	Relativitätsprinzip

1705/Sommerfeld Con 2179(1

Titel-Stichwort	La théorie du rayonnement et les quanta
Hrsg./Bearb.	Langevin, Paul
Institution	Conseil de Physique <1911, Bruxelles>
Untertitel	rapports et discussions de la Réunion tenue à Bruxelles, du 30 octobre au 3 novembre 1911 ; sous les auspices de E. Solvay
Von	publ. par P. Langevin ...
Verl.-Ort	Paris
Verlag	Gauthier-Villars
Jahr	1912

Umfang   461 S.

1705/Sommerfeld Con 2179(2

Titel-Stichwort   La structure de la matière
SBKAnsetz   Conseil de Physique Solvay <2, 1913, Bruxelles>
Untertitel   rapports et discussions du Conseil de Physique tenu à Bruxelles du 27 au 31 Octobre 1913 ; sous les auspices de l'Institut International de Physique Solvay
Verl.-Ort   Paris
Verlag   Gauthier-Villars
Jahr   1921
Umfang   XII, 324 S.
Sprache   fre

1705/Sommerfeld Con 2179(3

Titel-Stichwort   Atomes et électrons
SBKAnsetz   Conseil de Physique <3, 1921, Bruxelles>
Untertitel   rapports et discussions du Conseil de Physique tenu à Bruxelles du 1er au 6 Avril 1921 ; sous les auspices de l'Institut International de Physique Solvay
Verl.-Ort   Paris
Verlag   Gauthier-Villars
Jahr   1923
Umfang   VI, 271 S.
Sprache   fre

1705/Sommerfeld Con 2179(4

Titel-Stichwort   Conductibilité électrique des métaux et problèmes connexes
SBKAnsetz   Conseil de Physique <4, 1924, Bruxelles>
Untertitel   rapports et discussions du Quatrième Conseil de Physique tenu à Bruxelles du 24 au 29 Avril 1924 ; sous les auspices de l'Institut International de Physique Solvay
Verl.-Ort   Paris
Verlag   Gauthier-Villars
Jahr   1927
Umfang   VIII, 366 S.
Ill.   Ill., graph. Darst.
Sprache   fre

1705/Sommerfeld Con 2179(5

Titel-Stichwort	Electrons et photons
SBKAnsetz	Conseil de Physique <5, 1927, Bruxelles>
Untertitel	rapports et discussions du Cinquième Conseil de Physique, tenu à Bruxelles du 24 au 29 octobre 1927 ; sous le auspices de l'Institut International de Physique Solvay
Verl.-Ort	Paris
Verlag	Gauthier-Villars
Jahr	1928
Umfang	VIII, 289 S.
Ill.	Ill., graph. Darst.
Sprache	fre

1705/Sommerfeld Con 2179(6

Titel-Stichwort	Le magnétisme
SBKAnsetz	Conseil de Physique <6, 1930, Bruxelles>
Untertitel	rapports et discussions de Sixième Conseil de Physique tenu à Bruxelles du 20 au 25 octobre 1930 ; sous les auspices de l'Institut International de Physique Solvay
Verl.-Ort	Paris
Verlag	Gauthier-Villars
Jahr	1932
Umfang	IX, 485 S. : Ill., graph. Darst.
Sprache	fre
Schlagwort	Magnetismus / Kongress / Brüssel <1930>

1705/Sommerfeld Con 2179(7

Titel-Stichwort	Structure et propriétés des noyaux atomiques
SBKAnsetz	Conseil de Physique <7, 1933, Bruxelles>
Untertitel	rapports et discussions du Septième Conseil de Physique tenu à Bruxelles du 22 au 29 Octobre 1933 ; sous les auspices de l'Institut International de Physique Solvay
Verl.-Ort	Paris
Verlag	Gauthier-Villars
Jahr	1934
Umfang	XXV, 353 S.
Ill.	Ill., graph. Darst.

Sprache fre

1705/Sommerfeld Cor 853
Autor/Hrsg. Coriolis, Gaspard
Titel-Stichwort Lehrbuch der Mechanik fester Körper und der Berechnung des Effektes der Maschinen
Von von G. Coriolis. Dt. hrsg. von C. H. Schnuse
Verl.-Ort Braunschweig
Verlag Meyer
Jahr 1846
Umfang VIII, 175 S.
Fussnote In Fraktur
Originaltitel Traité de la mécanique des corps solides et du calcul de l'effet des machines <dt.>
Sprache ger

1705/Sommerfeld Cra 1146
Titel-Stichwort Äußere Ballistik oder Theorie der Bewegung des Gechosses von der Mündung der Waffe ab bis zum Eindringen in das Ziel
Ausgabe In 5. Aufl. hrsg. von C. Cranz unter Mitw. von O. von Eberhard und K. Becker
Jahr 1925
Umfang XX, 711 S. : Ill., zahlr. graph. Darst.

1705/Sommerfeld Cra 1148
Titel-Stichwort Experimentelle Ballistik oder Lehre von den ballistischen Messungs-, Beobachtungs- und Registrier-Methoden
Ausgabe In 2. Aufl. hrsg. von C. Cranz unter Mitw. von O. von Eberhard und K. Becker
Jahr 1927
Umfang XII, 407 S. : Ill., graph. Darst.

1705/Sommerfeld Cra 546/1
Titel-Stichwort Äußere Ballistik oder Theorie der Bewegung des Geschosses von der Mündung der Waffe ab bis zum Eindringen in das Ziel
Ausgabe Gleichzeitig 2. und vollst. umgearb. Aufl. des "Compendiums der theoretischen äusseren Ballistik" von 1896
Jahr 1910
Umfang XIV, 464 S.

1705/Sommerfeld Cra 546/3

Titel-Stichwort	Experimentelle Ballistik oder Lehre von den ballistischen Messungs- und Beobachtungsmethoden
Von	hrsg. von C. Cranz und K. Becker
Jahr	1913
Umfang	VIII, 339 S. : Ill., graph. Darst.

1705/Sommerfeld Cre 848

Autor/Hrsg.	Crew, Henry
Titel-Stichwort	The rise of modern physics
Untertitel	a popular sketch
Von	by Henry Crew
Verl.-Ort	Baltimore
Verlag	Williams & Wilkins
Jahr	1928
Umfang	XIII, 356 S.
Ill.	Ill., graph. Darst.
Format	19 cm
Sprache	eng
Schlagwort	Physik / Geschichte

1705/Sommerfeld Cur 385

Autor/Hrsg.	Curie, Marie
Titel-Stichwort	Untersuchungen über die radioaktiven Substanzen
Von	von S. Curie. Übers. und mit Litteratur-Ergänzungen vers. von W. Kaufmann
Verl.-Ort	Braunschweig
Verlag	Vieweg
Jahr	1904
Umfang	VIII, 132 S. : Ill., graph. Darst.
Gesamttitel	Die Wissenschaft ; 1
Originaltitel	Recherches sur les substances radioactives <dt.>
Schlagwort	Radioaktive Substanz
Schlagwort2	Radioaktiver Stoff

1705/Sommerfeld Cur 855/10

Autor/Hrsg.	Suter, Heinrich
Titel-Stichwort	Die Mathematiker und Astronomen der Araber und ihre Werke
Von	von Heinrich Suter
Verl.-Ort	Leipzig
Verlag	Teubner
Jahr	1900
Umfang	IX, 277 S.
Gesamttitel	Abhandlungen zur Geschichte der mathematischen Wissenschaften mit Einschluss ihrer Anwendungen ; 10
Fussnote	Nachträge und Berichtigungen enth. in : Studien über Menelaos' Sphärik / Axel A. Björnbo
Schlagwort	Araber / Astronomie
Schlagwort2	Araber / Mathematik
Schlagwort3	Araber / Astronom / Geschichte / Biographie
Schlagwort4	Araber / Mathematiker / Geschichte / Biographie

1705/Sommerfeld Cur 855/13

Titel-Stichwort	Urkunden zur Geschichte der Mathematik im Mittelalter und der Renaissance/2
Jahr	(1902)
Umfang	S. 340 - 627

1705/Sommerfeld Czu 849

Autor/Hrsg.	Czuber, Emanuel
Titel-Stichwort	Wahrscheinlichkeitsrechnung und ihre Anwendung auf Fehlerausgleichung, Statistik und Lebensversicherung
Verl.-Ort	Leipzig
Verlag	Teubner
Jahr	1903
Umfang	XV, 594 S.
Gesamttitel	B. G. Teubners Sammlung von Lehrbüchern auf dem Gebiete der mathematischen Wissenschaften ; 9

1705/Sommerfeld Dal 111

Titel-Stichwort	Die Grundlagen der Atomtheorie
Hrsg./Bearb.	Dalton, John

Hrsg./Bearb.	Wollaston, William Hyde
Untertitel	Abhandlungen ; (1803 - 1808)
Von	von J. Dalton und W. H. Wollaston
Verl.-Ort	Leipzig
Verlag	Engelmann
Jahr	1889
Umfang	30 S.
Ill.	Ill.
Gesamttitel	Ostwald's Klassiker der exakten Wissenschaften ; 3
Sprache	ger
Schlagwort	Atomtheorie / Geschichte
Schlagwort2	Dalton, John / Atomtheorie

1705/Sommerfeld Dan 875

Titel-Stichwort	Von Galilei bis zur Mitte des XVIII. Jahrhunderts
Ausgabe	2. Aufl.
Jahr	1921
Umfang	X, 508 S.
Ill.	Ill., graph. Darst.
Sprache	ger

1705/Sommerfeld Dar 856

Titel-Stichwort	Déformation infiniment petite et représentation sphérique
Jahr	1896
Umfang	VIII, 548 S.

1705/Sommerfeld Dar 857

Titel-Stichwort	Généralités, coordonnées curvilignes, surfaces minima
Jahr	1887
Umfang	VI, 513 S.

1705/Sommerfeld Dar 859

Titel-Stichwort	Les congruences et les équations linéaires aux dérivées partielles. Des lignes tracées sur les surfaces
Jahr	1889
Umfang	522, 3 S.

Sprache	ger

1705/Sommerfeld Dar 861

Titel-Stichwort	Lignes géodésiques et courboure géodésique, paramètres différentiels. Déformation des surfaces
Jahr	1894
Umfang	VIII, 512 S.

1705/Sommerfeld Dar 868

Autor/Hrsg.	Darwin, George H.
Titel-Stichwort	Ebbe und Flut
Untertitel	sowie verwandte Erscheinungen im Sonnensystem
Von	George Howard Darwin
Ausgabe	Autor. dt. Ausg. nach der 2. engl. Aufl. / von Agnes Pockels
Verl.-Ort	Leipzig
Verlag	Teubner
Jahr	1902
Umfang	XXII, 344 S. : Ill.
Gesamttitel	Wissenschaft und Hypothese ; 5
Originaltitel	The tides <dt.>
Sprache	ger

1705/Sommerfeld Dar 872

Autor/Hrsg.	Darwin, Charles Galton
Titel-Stichwort	The new conceptions of matter
Von	by C. G. Darwin
Verl.-Ort	London
Verlag	Bell
Jahr	1931
Umfang	VIII, 192 S. : Ill., graph. Darst.
Sprache	eng

1705/Sommerfeld Des 2152

Titel-Stichwort	Notions fondamentales
Jahr	1941
Umfang	XIV, 343 S. : graph. Darst.

1705/Sommerfeld Des 2153

Autor/Hrsg.	Destouches, Jean-Louis
Titel-Stichwort	Orientation préalable
Jahr	1942
Umfang	173, 3 S.
Sprache	fre

1705/Sommerfeld Des 2154

Autor/Hrsg.	Destouches, Jean-Louis
Titel-Stichwort	Physique du solitaire
Jahr	1942
Umfang	S. 176 - 658, 5 S.
Sprache	fre

1705/Sommerfeld Des 2155

Autor/Hrsg.	Destouches, Jean-Louis
Titel-Stichwort	Physique collective
Jahr	1942
Umfang	S. 660 - 905, 3 S.
Sprache	fre

1705/Sommerfeld Dic 874

Autor/Hrsg.	Dickson, Leonard E.
Titel-Stichwort	Linear groups
Untertitel	with an exposition of the Galois theory
Von	by Leonard Eugene Dickson
Verl.-Ort	Leipzig
Verlag	Teubner
Jahr	1901
Umfang	X, 312 S.
Gesamttitel	B. G. Teubners Sammlung von Lehrbüchern auf dem Gebiete der mathematischen Wissenschaften ; 6

1705/Sommerfeld Die 42

Autor/Hrsg.	Dietsch, Christoph
Titel-Stichwort	Tafel der gemeinen Logarithmen der Facultäten N!=1.2.3.4....N für die Zahlen N=1 bis zu N=1600
Von	berechnet von dem Lehramtscandidaten der Mathematik Christoph Dietsch, April 1874, im Auftr. des Conservatoriums der mathemat. physik. Sammlung des bayr. Staates
Jahr	[1874]
Umfang	[17] Bl.
Fussnote	Umschlagt.: Tafel der Facultäten.-Fingierter Titel.-Für andere Bibliotheken nicht zu benutzen !
Sprache	ger

1705/Sommerfeld Din 882

Autor/Hrsg.	Dingler, Hugo
Titel-Stichwort	Der Zusammenbruch der Wissenschaft und der Primat der Philosophie
Von	von Hugo Dingler
Verl.-Ort	München
Verlag	Reinhardt
Jahr	1926
Umfang	400 S.
Schlagwort	Wissenschaft

1705/Sommerfeld Din 887

Autor/Hrsg.	Dingler, Hugo
Titel-Stichwort	Relativitätstheorie und Ökonomieprinzip
Von	von Hugo Dingler
Verl.-Ort	Leipzig
Verlag	Hirzel
Jahr	1922
Umfang	77 S.
Format	20 cm
Sprache	ger
Schlagwort	Relativitätstheorie

1705/Sommerfeld Din 889

Autor/Hrsg.	Dingler, Hugo
Titel-Stichwort	Das Problem des absoluten Raumes
Untertitel	in historisch-kritischer Behandlung
Von	von Hugo Dingler
Verl.-Ort	Leipzig
Verlag	Hirzel
Jahr	1923
Umfang	50 S.
Fussnote	Aus: Jahrbuch für Radioaktivität und Elektronik ; 19. 1923

1705/Sommerfeld Din 891

Autor/Hrsg.	Dingler, Hugo
Titel-Stichwort	Der Glaube an die Weltmaschine und seine Überwindung
Von	von Hugo Dingler
Verl.-Ort	Stuttgart
Verlag	Enke
Jahr	1932
Umfang	48 S.
Sprache	ger
Schlagwort	Kosmologie

1705/Sommerfeld Din 894

Autor/Hrsg.	Dingler, Hugo
Titel-Stichwort	Die Grundlagen der Physik
Untertitel	synthetische Prinzipien der mathematischen Naturphilosophie
Von	von Hugo Dingler
Ausgabe	2., völlig neubearb. Aufl.
Verl.-Ort	Berlin u.a.
Verlag	de Gruyter
Jahr	1923
Umfang	XIV, 336 S.

1705/Sommerfeld Dir 873

Autor/Hrsg.	Lejeune Dirichlet, Peter Gustav
Titel-Stichwort	Vorlesungen über Zahlentheorie

Hrsg./Bearb.	Dedekind, Richard
Von	von P. G. Lejeune Dirichlet. Hrsg. und mit Zusätzen versehen von R. Dedekind
Ausgabe	4., umgearb. und verm. Aufl.
Verl.-Ort	Braunschweig
Verlag	Vieweg
Jahr	1894
Umfang	XVII, 657 S.
Schlagwort	Algebraische Zahlentheorie
Schlagwort2	Elementare Zahlentheorie
Schlagwort3	Zahlentheorie
Lok. Schlagwort	Zahlentheorie

1705/Sommerfeld Dru 2460

Autor/Hrsg.	Drude, Paul
Titel-Stichwort	Lehrbuch der Optik
Von	von Paul Drude
Ausgabe	2., erw. Aufl.
Verl.-Ort	Leipzig
Verlag	Hirzel
Jahr	1906
Umfang	XVI, 538 S. : Ill., graph. Darst.
Sprache	ger
Schlagwort	Optik / Lehrbuch

1705/Sommerfeld Dru 880

Autor/Hrsg.	Drude, Paul
Titel-Stichwort	Lehrbuch der Optik
Von	von Paul Drude
Ausgabe	2., erw. Aufl.
Verl.-Ort	Leipzig
Verlag	Hirzel
Jahr	1906
Umfang	XVI, 538 S. : Ill., graph. Darst.
Sprache	ger
Schlagwort	Optik / Lehrbuch

1705/Sommerfeld DuB 282

Autor/Hrsg.	Du Bois, Henri Éduard Johan Godfried
Titel-Stichwort	Magnetische Kreise, deren Theorie und Anwendung
Von	von H. du Bois
Verl.-Ort	Berlin
Verlag	Springer
Verl.-Ort	München
Verlag	Oldenbourg
Jahr	1894
Umfang	XIV, 382 S. : graph. Darst.
Sprache	ger
Schlagwort	Magnetischer Kreis

1705/Sommerfeld DuB 40

Titel-Stichwort	Metaphysik und Theorie der mathematischen Grundbegriffe
Untertitel	Grösse, Grenze, Argument und Function
Jahr	1882
Umfang	XIV, 292 S.
Sprache	ger

1705/Sommerfeld DuB 43

Autor/Hrsg.	Du Bois-Reymond, Emil Heinrich
Titel-Stichwort	Über die Grenzen des Naturerkennens
Untertitel	zwei Vorträge
Von	von Emil Du Bois-Reymond
Verl.-Ort	Leipzig
Verlag	Veit
Jahr	1891
Umfang	120 S.
Fussnote	Enth. außerdem: Die sieben Welträthsel
Sprache	ger

1705/Sommerfeld DuB 747

Titel-Stichwort	Die Theorie der Charakteristiken
Jahr	1864
Umfang	XVIII, 255 S.

1705/Sommerfeld Duh 437

Autor/Hrsg.	Duhem, Pierre Maurice Marie
Titel-Stichwort	Thermodynamique et chimie
Untertitel	leçons élémentaires
Von	Pierre Duhem
Ausgabe	2. éd. entièrement refondue et considérablement augm. fig.
Verl.-Ort	Paris
Verlag	Hermann
Jahr	1910
Umfang	XII, 579 S. : graph. Darst.
Sprache	fre

1705/Sommerfeld Düh 897

Autor/Hrsg.	Dühring, Eugen Karl
Titel-Stichwort	Sache, Leben und Feinde
Untertitel	als Hauptwerk und Schlüssel zu seinen sämmtlichen Schriften
Von	von E. Dühring
Verl.-Ort	Karlsruhe [u.a.]
Verlag	Reuther
Jahr	1882
Umfang	X, 434 S.: 1 Ill.
Regensbg.Syst.	CG 2624

1705/Sommerfeld Dup 1420

Autor/Hrsg.	Dupré, Frédéric
Titel-Stichwort	Qualitative Analyse
Von	von F. Dupré
Ausgabe	2. Aufl., vollst. umgearb. Ausg.
Verl.-Ort	Leipzig
Verlag	Hirzel
Jahr	1921
Umfang	XI, 196 S.
Fussnote	Frühere Ausg. u.d.T.: Dupré, Frédéric: Leitfaden der qualitativen Analyse
Sprache	ger

1705/Sommerfeld Dur 1116

Autor/Hrsg.	Durand, William Frederick
Titel-Stichwort	J - M
Jahr	1935
Umfang	XVI, 434 S.
Sprache	eng

1705/Sommerfeld Dur 1117

Autor/Hrsg.	Durand, William Frederick
Titel-Stichwort	N - O
Jahr	1935
Umfang	XVIII, 347 S.
Sprache	eng

1705/Sommerfeld Dur 1118

Autor/Hrsg.	Durand, William Frederick
Titel-Stichwort	P - T
Jahr	1936
Umfang	XIV, 286 S.
Sprache	eng

1705/Sommerfeld Dur 1377

Autor/Hrsg.	Durand, William Frederick
Titel-Stichwort	A - D
Jahr	1934
Umfang	XV, 398 S.

1705/Sommerfeld Dur 925

Autor/Hrsg.	Durand, William Frederick
Titel-Stichwort	F - I
Jahr	1935
Umfang	XIV, 354 S.
Sprache	fre

1705/Sommerfeld Ebe 915

Titel-Stichwort	Mechanik, Wärmelehre
Jahr	1912
Umfang	XIX, 661 S.
Ill.	Ill., graph. Darst.
Sprache	ger

1705/Sommerfeld Ebe 917

Titel-Stichwort	Die elektrischen Energieformen
Von	fertiggest. und hrsg. von C. Heinke
Jahr	1920
Umfang	XX, 687 S.
Ill.	Ill., graph. Darst.
Sprache	ger

1705/Sommerfeld Ebe 918

Titel-Stichwort	Die strahlende Energie
Von	unter Mitw. von V. Angerer ... fertiggest. und hrsg. von C. Heinke
Jahr	1923
Umfang	XI, 416 S.
Ill.	Ill., graph. Darst.
Sprache	ger

1705/Sommerfeld Edd 678

Autor/Hrsg.	Eddington, Arthur Stanley
Titel-Stichwort	Report on the relativity theory of gravitation
SBKAnsetz	Institute of Physics and the Physical Society <London>
Von	by A. S. Eddington
Verl.-Ort	London
Verlag	Fleetway Pr.
Jahr	1920
Umfang	XI, 91 S.
Sprache	eng

1705/Sommerfeld Ede 327

Autor/Hrsg.	Eder, Josef Maria
Titel-Stichwort	Über die chemischen Wirkungen des farbigen Lichtes und die Photographie in natürlichen Farben
Von	von Josef Maria Eder
Verl.-Ort	Wien
Verlag	Verl. der Photograph. Correspondenz
Jahr	1879
Umfang	68 S.
Sprache	ger

1705/Sommerfeld Ede 51

Autor/Hrsg.	Eder, Josef Maria
Titel-Stichwort	Die Momentphotographie
Untertitel	ein Vortrag gehalten im Vereine zur Verbreitung naturwissenschaftlicher Kenntnisse in Wien am 2. Jänner 1884
Umfang	82 S. : zahlr. Ill.
Sprache	ger

1705/Sommerfeld Egg 76

Titel-Stichwort	Anwendungen der Röntgen- und Elektronenstrahlen
Hrsg./Bearb.	Eggert, J.
Untertitel	mit besonderer Berücksichtigung organisch-chemischer Pobleme (Röntgentagung in Bonn 1934)
Von	hrsg. im Auftrage der Deutschen Gesellschaft für technische Röntgenkunde beim deutschen Verband für die Materialprüfungen der Technik von J. Eggert ...
Verl.-Ort	Leipzig
Verlag	Akad. Verl.-Ges.
Jahr	1934
Umfang	VI, 190 S. : Ill., graph. Darst.
Gesamttitel	Ergebnisse der technischen Röntgenkunde ; 4
Sprache	ger
Schlagwort	Elektronenstrahl
Schlagwort2	Röntgenstrahlung

1705/Sommerfeld Ein 485

Titel-Stichwort	Entwurf einer verallgemeinerten Relativitätstheorie und einer Theorie der Gravitation
Hrsg./Bearb.	Einstein, Albert
Hrsg./Bearb.	Grossmann, Marcel
Verl.-Ort	Leipzig [u.a.]
Verlag	Teubner
Jahr	1913
Umfang	38 S.
Fussnote	I. Physikalischer Teil / von Albert Einstein. II. Mathematischer Teil / von Marcel Grossmann
Sprache	ger
Schlagwort	Allgemeine Relativitätstheorie

1705/Sommerfeld Ein 903

Autor/Hrsg.	Einstein, Albert
Titel-Stichwort	Vier Vorlesungen über Relativitätstheorie
Untertitel	gehalten im Mai 1921 an der Universität Princeton
Von	von A. Einstein
Ausgabe	2. Aufl.
Verl.-Ort	Braunschweig
Verlag	Vieweg
Jahr	1923
Umfang	70 S.
Sprache	ger

1705/Sommerfeld Ein 905

Autor/Hrsg.	Einstein, Albert
Titel-Stichwort	Über die spezielle und allgemeine Relativitätstheorie
Untertitel	(gemeinverständlich)
Von	von A. Einstein
Ausgabe	8. Aufl.
Verl.-Ort	Braunschweig
Verlag	Vieweg
Jahr	1920
Umfang	83 S.

Gesamttitel	Sammlung Vieweg ; 38
Sprache	ger

1705/Sommerfeld Emd 347

Autor/Hrsg.	Emden, Robert
Titel-Stichwort	Gaskugeln
Untertitel	Anwendungen der mechanischen Wärmetheorie auf kosmologische und meteorologische Probleme
Von	von R. Emden
Verl.-Ort	Leipzig [u.a.]
Verlag	Teubner
Jahr	1907
Umfang	V, 497 S.
Ill.	Ill., graph. Darst.
Format	24 cm
Sprache	ger
Schlagwort	Thermodynamik / Einführung

1705/Sommerfeld Emd 910

Autor/Hrsg.	Emden, Robert
Titel-Stichwort	Grundlagen der Ballonführung
Von	von Robert Emden
Verl.-Ort	Leipzig
Verlag	Teubner
Jahr	1910
Umfang	140 S. : Ill.
Begleitmaterial	3 Tafeln
Sprache	ger
Schlagwort	Freiballonsport

1705/Sommerfeld Enc 2807

Autor/Hrsg.	Encke, Johann Franz
Titel-Stichwort	Über die Bestimmung einer elliptischen Bahn aus drei vollständigen Beobachtungen
Hrsg./Bearb.	Bauschinger, Julius
Von	J. F. Encke
Beigef. Werk	Über die Bestimmung der Bahn eines Himmelskörpers aus drei Beobachtungen / von

	P.A. Hansen
Von_	Hrsg. von Julius Bauschinger
Verl.-Ort	Leipzig
Verlag	Engelmann
Jahr	1903
Umfang	162 S.
Gesamttitel	Ostwald's Klassiker der exakten Wissenschaften. ; 141.
Schlagwort	Himmelskörper / Bahnelement

1705/Sommerfeld Eng 47

Titel-Stichwort	Recensionen von Friedrich Wilhelm Bessel
Hrsg./Bearb.	Bessel, Friedrich Wilhelm
Hrsg./Bearb.	Engelmann, Rudolph
Von	Hrsg. von Rudolf Engelmann
Verl.-Ort	Leipzig
Verlag	Engelmann
Jahr	1878
Umfang	VI, 385 S.
Sprache	ger

1705/Sommerfeld Enr 2164

Autor/Hrsg.	Enriques, Federigo
Titel-Stichwort	Causalité et déterminisme dans la philosophie et l'histoire des sciences
Von	par F. Enriques
Verl.-Ort	Paris
Verlag	Hermann
Jahr	1941
Umfang	114 S.
Gesamttitel	Actualités scientifiques et industrielles : Philosophie et histoire de la pensée scientifique ; 8
Gesamttitel	Actualités scientifiques et industrielles ; 899
Sprache	fre

1705/Sommerfeld Ens 2235

Autor/Hrsg.	Enskog, David
Titel-Stichwort	Allgemeiner Teil

Jahr	1917
Umfang	160 S.
Sprache	ger

1705/Sommerfeld Euc 913

Autor/Hrsg.	Eucken, Arnold
Titel-Stichwort	Grundriss der physikalischen Chemie
Untertitel	für Studierende der Chemie und verwandter Fächer
Von	Arnold Eucken
Ausgabe	2. Aufl.
Verl.-Ort	Leipzig
Verlag	Akad. Verl.-Ges.
Jahr	1924
Umfang	XII, 505 S. : Ill.
Fussnote	(3. Aufl. u.d.T.:) Lehrbuch der chemischen Physik
Schlagwort	Physikalische Chemie

1705/Sommerfeld Ewa 655

Autor/Hrsg.	Ewald, Peter Paul
Titel-Stichwort	Kristalle und Röntgenstrahlen
Von	von P. P. Ewald
Verl.-Ort	Berlin
Verlag	Springer
Jahr	1923
Umfang	VIII, 327 S.: Ill., graph. Darst.
Gesamttitel	Naturwissenschaftliche Monographien und Lehrbücher ; 6
Schlagwort	Kristall / Röntgenstrahlung

1705/Sommerfeld Fab 424

Autor/Hrsg.	Fabry, Eugène
Titel-Stichwort	Problèmes et exercices de mathématiques générales
Von	E. Fabry
Verl.-Ort	Paris
Verlag	Hermann
Jahr	1910
Umfang	420 S. : graph. Darst.

Sprache	frc

1705/Sommerfeld Faj 597

Autor/Hrsg.	Fajans, Kasimir
Titel-Stichwort	Radioaktivität und die neueste Entwicklung der Lehre von den chemischen Elementen
Von	von K. Fajans
Ausgabe	2. durchges. und erg. Aufl.
Verl.-Ort	Braunschweig
Verlag	Vieweg
Jahr	1920
Umfang	VIII, 115 S. : Ill., graph. Darst.
Gesamttitel	Sammlung Vieweg ; 45
Sprache	ger

1705/Sommerfeld Faj 920

Autor/Hrsg.	Fajans, Kasimir
Titel-Stichwort	Radioelements and Isotopes: chemical forces and optical properties of substances
Von	by Kasimir Fajans
Verl.-Ort	London
Verlag	McGraw-Hill
Jahr	1931
Umfang	125 S.
Gesamttitel	George Fisher Baker non-resident lectureship in chemistry ; 9
Sprache	eng
Schlagwort	Radiochemie

1705/Sommerfeld Faj 921

Autor/Hrsg.	Fajans, Kasimir
Titel-Stichwort	Radioaktivität und die neueste Entwicklung der Lehre von den chemischen Elementen
Untertitel	mit 14 Tab.
Von	von K. Fajans
Ausgabe	4. erw. u. zum Teil umgearb. Aufl.
Verl.-Ort	Braunschweig
Verlag	Vieweg

Jahr	1922
Umfang	XI, 137 S. : graph. Darst.
Gesamttitel	Sammlung Vieweg ; 45
Sprache	ger
Schlagwort	Radioaktivität / Chemisches Element

1705/Sommerfeld Fal 2234

Autor/Hrsg.	Falkenhagen, Hans
Titel-Stichwort	Électrolytes
Von	par Hans Falkenhagen
Verl.-Ort	Paris
Verlag	Alcan
Jahr	1934
Umfang	XIX, 358 S. : graph. Darst.
Gesamttitel	Librairie Alcan
Sprache	fre

1705/Sommerfeld Far 2629

Titel-Stichwort	IX. bis XI. Reihe
Jahr	1901
Umfang	106 S.
Ill.	graph. Darst.
Sprache	ger

1705/Sommerfeld Far 2631

Titel-Stichwort	XII. und XIII. Reihe
Jahr	1901
Umfang	133 S.
Ill.	Ill., graph. Darst.
Sprache	ger

1705/Sommerfeld Far 2679

Titel-Stichwort	XIV. und XV. Reihe
Jahr	1902
Umfang	48 S.
Ill.	Ill.

Sprache ger

1705/Sommerfeld Far 2754
Titel-Stichwort XVI. und XVII. Reihe
Jahr 1902
Umfang 102 S.
Ill. Ill.
Sprache ger

1705/Sommerfeld Far 2754a
Titel-Stichwort XVIII. und XIX. Reihe
Jahr 1903
Umfang 58 S.
Ill. graph. Darst.
Sprache ger

1705/Sommerfeld Far 2806
Titel-Stichwort XX. bis XXIII. Reihe
Jahr 1903
Umfang 173 S.
Ill. Ill.
Sprache ger

1705/Sommerfeld Far 383(1
Titel-Stichwort I. und II. Reihe
Jahr 1896
Umfang 96 S.
Ill. graph. Darst.
Sprache ger

1705/Sommerfeld Far 383(2
Titel-Stichwort III. bis V. Reihe
Jahr 1897
Umfang 103 S.
Ill. graph. Darst.
Sprache ger

1705/Sommerfeld Far 383(3

Titel-Stichwort	VI. bis VIII. Reihe
Jahr	1897
Umfang	179 S.
Ill.	graph. Darst.
Sprache	ger

1705/Sommerfeld Fax 635

Autor/Hrsg.	Faxén, Hilding
Titel-Stichwort	Einwirkung der Gefässwände auf den Widerstand gegen die Bewegung einer kleinen Kugel in einer zähen Flüssigkeit
Von	Hilding Faxén
Verl.-Ort	Uppsala
Verlag	Appelberg
Jahr	1921
Umfang	184 S.
Fussnote	Zugl.: Uppsala, Phil. Diss., 1921
Sprache	ger

1705/Sommerfeld Fec 174

Autor/Hrsg.	Fechner, Gustav Theodor
Titel-Stichwort	Über die Methode der richtigen und falschen Fälle in Anwendung auf die Massbestimmungen der Feinheit oder extensiven Empfindlichkeit des Raumsinnes
Von	G. Th. Fechner
Verl.-Ort	Leipzig
Verlag	Hirzel
Jahr	1884
Umfang	204 S.
Gesamttitel	Abhandlungen der Mathematisch-Physischen Classe der Königlich-Sächsischen Gesellschaft der Wissenschaften ; 13,2
Sprache	ger

1705/Sommerfeld Fed 410

Autor/Hrsg.	Feddersen, Berend Wilhelm
Titel-Stichwort	Entladung der Leidener Flasche, intermittierende, kontinuierliche, oszillatorische

	Entladung und dabei geltende Gesetze
Untertitel	Abhandlungen
Von	von W. Feddersen
Verl.-Ort	Leipzig
Verlag	Engelmann
Jahr	1908
Umfang	130 S.
Gesamttitel	Ostwalds Klassiker der exakten Wissenschaften ; 166
Schlagwort	Leidener Flasche / Entladung

1705/Sommerfeld Fic 34

Autor/Hrsg.	Fichte, Johann Gottlieb
Titel-Stichwort	Wesen und Aufgabe der Universität
Von	Fichte
Verl.-Ort	Leipzig
Verlag	Meiner
Jahr	1924
Umfang	104 S.
Gesamttitel	Philosophische Bibliothek / Taschenausgaben ; 61
Fussnote	Aus: Über das Wesen der Universität. 1910. - Orig.-Ausg. u.d.T.: Fichte, Johann G.: Deducierter Plan einer zu Berlin zu errichtenden höhern Lehranstalt, geschrieben im Jahre 1807. Stuttgart 1817
Schlagwort	Universität / Theorie

1705/Sommerfeld Fie 1479

Autor/Hrsg.	Salmon, George
Titel-Stichwort	Analytische Geometrie der Kegelschnitte/2
Ausgabe	6. Aufl.
Jahr	1903
Umfang	XXIV S., S. 443 - 854 : graph. Darst.
Sprache	ger

1705/Sommerfeld Fin 94

Titel-Stichwort	Westermanns vierstellige Tafeln
Hrsg./Bearb.	Finke, Wilhelm
Von	Hrsg. von Wilhelm Finke*

Verl.-Ort	Braunschweig u.a.
Verlag	Westermann
Jahr	1948
Umfang	36 S. : graph. Darst.
Gesamttitel	System Finke

1705/Sommerfeld Fis 793

Autor/Hrsg.	Fischer, Hermann
Titel-Stichwort	Briot und Bouquet's Theorie der doppelt-periodischen Functionen und insbesondere der elliptischen Transcendenten
Hrsg./Bearb.	Briot, Charles
Hrsg./Bearb.	Bouquet, Claude
Untertitel	mit Benutzung dahin einschlagender Arbeiten deutscher Mathematiker
Von	... dargestellt von Hermann Fischer
Verl.-Ort	Halle
Verlag	Schmidt
Jahr	1862
Umfang	XXVIII, 472 S. : graph. Darst.

1705/Sommerfeld Fit 433

Titel-Stichwort	A history of the Cavendish Laboratory, 1871 - 1910
Hrsg./Bearb.	Fitzpatrick, Thomas Cecil
SBKAnsetz	Cavendish Laboratory <Cambridge>
Untertitel	with 3 portraits in collotype and 8 other illustrations
Von	[a collection of essays by T. C. Fitzpatrick et. al.]
Verl.-Ort	New York [u.a.]
Verlag	Longmans, Green
Jahr	1910
Umfang	X, 342 S.
Sprache	eng

1705/Sommerfeld Flü 2303

Titel-Stichwort	Elementare Quantenmechanik
Ausgabe	2., völlig neubearb. und verm. Aufl.
Jahr	1952
Umfang	VII, 272 S. : Ill.

1705/Sommerfeld Flü 2324

Titel-Stichwort	Elementare Quantenmechanik
Jahr	1947
Umfang	X, 240 S.

1705/Sommerfeld Foo 935

Autor/Hrsg.	Foote, Paul D.
Autor/Hrsg.	Mohler, Fred L.
Titel-Stichwort	The origin of spectra
Von	Paul D. Foote and F. L. Mohler
Verl.-Ort	New York
Verlag	Chemical Catalogue Co.
Jahr	1922
Umfang	250 S., 11 Bl.
Gesamttitel	Monograph series / American Chemical Society ; 38
Sprache	eng

1705/Sommerfeld Föp 1096/1

Autor/Hrsg.	Föppl, August
Titel-Stichwort	Drang und Zwang/1
Ausgabe	3. Aufl.
Jahr	1941
Umfang	XII, 346 S. : graph. Darst.
Sprache	ger

1705/Sommerfeld Föp 1096/2

Autor/Hrsg.	Föppl, August
Titel-Stichwort	Drang und Zwang/2
Ausgabe	2. Aufl.
Jahr	1928
Umfang	VIII, 382 S. : graph. Darst.

1705/Sommerfeld Föp 1111

Titel-Stichwort	Die wichtigsten Lehren der höheren Dynamik
Ausgabe	4. Aufl.

Jahr	1921
Umfang	XII, 456 S. : graph. Darst.

1705/Sommerfeld Föp 2156

Autor/Hrsg.	Föppl, Ludwig
Autor/Hrsg.	Mönch, Ernst
Titel-Stichwort	Praktische Spannungsoptik
Von	von Ludwig Föppl ; Ernst Mönch
Verl.-Ort	Berlin [u.a.]
Verlag	Springer
Jahr	1950
Umfang	VII, 162 S. : Ill., graph. Darst.
Schlagwort	Spannungsoptik

1705/Sommerfeld Föp 2157

Titel-Stichwort	Statik, Festigkeitslehre, Dynamik
Jahr	1930
Umfang	VII, 188 S. : graph. Darst.

1705/Sommerfeld Föp 2158

Titel-Stichwort	Oberstufe. Höhere Festigkeitslehre, Flugmechanik, Ähnlichkeitsmechanik, Dynamik der Wellen
Jahr	1932
Umfang	V, 106 S.

1705/Sommerfeld Föp 2253

Autor/Hrsg.	Föppl, Ludwig
Titel-Stichwort	Der ebene Spannungszustand
Von	von Ludwig Föppl
Jahr	1947
Umfang	191 S. : Ill., graph. Darst.

1705/Sommerfeld Föp 2286

Autor/Hrsg.	Föppl, Ludwig
Autor/Hrsg.	Neuber, Heinz
Titel-Stichwort	Festigkeitslehre mittels Spannungsoptik

Von	von Ludwig Föppl und Heinz Neuber
Verl.-Ort	München [u.a.]
Verlag	Oldenbourg
Jahr	1935
Umfang	115 S. : Ill., graph. Darst.
Schlagwort	Spannungsoptik

1705/Sommerfeld Föp 579/2

Titel-Stichwort	Graphische Statik
Ausgabe	4. Aufl.
Jahr	1918
Umfang	XII, 406 S. : graph. Darst.
Sprache	ger

1705/Sommerfeld Föp 579/3

Titel-Stichwort	Festigkeitslehre
Ausgabe	6. Aufl.
Jahr	1918
Umfang	XVIII, 469 S. : graph. Darst.
Sprache	ger

1705/Sommerfeld Föp 579/4

Titel-Stichwort	Dynamik
Ausgabe	4. Aufl.
Jahr	1914
Umfang	VIII, 422 S. : graph. Darst.
Sprache	ger

1705/Sommerfeld Föp 579/5

Titel-Stichwort	Die wichtigsten Lehren der höheren Elastizitätstheorie
Jahr	1907
Umfang	XII, 391 S.

1705/Sommerfeld Föp 579/6

Titel-Stichwort	Die wichtigsten Lehren der höheren Dynamik
Jahr	1910

Umfang	XII, 490 S. : graph. Darst.

1705/Sommerfeld Föp 924

Autor/Hrsg.	Föppl, August
Titel-Stichwort	Das Fachwerk im Raume
Von	von August Föppl
Verl.-Ort	Leipzig
Verlag	Teubner
Jahr	1892
Umfang	VIII, 156 S., [1] Faltbl.
Ill.	Ill., graph. Darst.
Format	23 cm
Sprache	ger
Schlagwort	Raumfachwerk

1705/Sommerfeld Föp 926

Autor/Hrsg.	Föppl, August
Titel-Stichwort	Die Geometrie der Wirbelfelder
Untertitel	in Anlehnung an das Buch des Verfassers über die Maxwell'sche Theorie der Elektricität und zu dessen Ergänzung
Von	von A. Föppl
Verl.-Ort	Leipzig
Verlag	Teubner
Jahr	1897
Umfang	X, 108 S.
Ill.	graph. Darst.
Format	22 cm
Sprache	ger

1705/Sommerfeld Föp 927

Autor/Hrsg.	Föppl, August
Titel-Stichwort	Lebenserinnerungen
Untertitel	Rückblick auf meine Lehr- und Aufstiegsjahre
Von	von August Föppl
Verl.-Ort	München u.a.
Verlag	Oldenbourg

Jahr	1925
Umfang	155 S.

1705/Sommerfeld Föp 930

Titel-Stichwort	Festigkeitslehre
Ausgabe	9. Aufl.
Jahr	1922
Umfang	XVIII, 446 S.

1705/Sommerfeld Föp 932

Titel-Stichwort	Graphische Statik
Ausgabe	6. Aufl.
Jahr	1922
Umfang	404 S.
Sprache	ger

1705/Sommerfeld Föp 933

Autor/Hrsg.	Föppl, August
Titel-Stichwort	Einführung in die Maxwell'sche Theorie der Elektricität
Untertitel	mit einem einleitenden Abschnitte über das Rechnen mit Vectorgrössen in der Physik
Von	von A. Föppl
Verl.-Ort	Leipzig
Verlag	Teubner
Jahr	1894
Umfang	XVI, 413 S.
Ill.	graph. Darst.
Format	23 cm
Sprache	ger

1705/Sommerfeld Föp 939

Titel-Stichwort	Dynamik
Ausgabe	7. Aufl.
Jahr	1923
Umfang	X, 417 S. : graph. Darst.

1705/Sommerfeld Föp 942

Titel-Stichwort	Die wichtigsten Lehren der höheren Elastizitätstheorie
Jahr	1907
Umfang	XII, 391 S.

1705/Sommerfeld Föp 943

Titel-Stichwort	Die wichtigsten Lehren der höheren Dynamik
Jahr	1910
Umfang	XII, 490 S. : graph. Darst.

1705/Sommerfeld For 2291

Titel-Stichwort	Exacte Gleichungen und das Pfaffsche Problem
Jahr	1893
Umfang	XII, 378 S.

1705/Sommerfeld Fou 2630

Autor/Hrsg.	Fourier, Jean Baptiste Joseph
Titel-Stichwort	Die Auflösung der bestimmten Gleichungen
Von	von Jean Baptiste Joseph Fourier
Verl.-Ort	Leipzig
Verlag	Engelmann
Jahr	1902
Umfang	VI, 263 S. : graph. Darst.
Gesamttitel	Ostwald's Klassiker der exakten Wissenschaften ; 127.
Originaltitel	Analayse des équations d´terminées <dt.>
Sprache	ger

1705/Sommerfeld Fow 71

Autor/Hrsg.	Fowler, Alfred
Titel-Stichwort	Report on series in line spectra
SBKAnsetz	Institute of Physics and the Physical Society <London>
Von	by A. Fowler
Verl.-Ort	London
Verlag	Fleetway Pr.
Jahr	1922
Umfang	182 S. : Ill.

Sprache   eng

1705/Sommerfeld Fra 1636

Autor/Hrsg.   Franck, Max
Titel-Stichwort L'univers électromagnétique par une nouvelle loi de la gravitation
Von   Max Franck
Verl.-Ort   Paris
Verlag   Gauthier-Villars
Jahr   1932
Umfang   126 S.
Sprache   fre

1705/Sommerfeld Fra 2474

Autor/Hrsg.   Frank, Philipp
Titel-Stichwort Das Kausalgesetz und seine Grenzen
Von   von Philipp Frank
Verl.-Ort   Wien
Verlag   Springer
Jahr   1932
Umfang   XV, 308 S. : graph. Darst.
Gesamttitel   Schriften zur wissenschaftlichen Weltauffassung ; 6
Sprache   ger
Schlagwort   Kausalität

1705/Sommerfeld Fra 2529

Autor/Hrsg.   Franke, Otto
Titel-Stichwort Einführung in die physikalischen Grundlagen der Rundfunktechnik
Von   von Otto Franke
Verl.-Ort   Wien
Verlag   Springer
Jahr   1937
Umfang   VIII, 272 S.ll.
Ill.   graph. Darst.
Format   21 cm
Sprache   ger

1705/Sommerfeld Frau 2917

Autor/Hrsg.	Fraunhofer, Joseph von
Titel-Stichwort	Bestimmung des Berechnungs- und Farbenzerstreuungsvermögens verschiedener Glasarten
Untertitel	in bezug auf die Vervollkommnung achromatischer Fernrohre
Von	von Joseph Fraunhofer
Verl.-Ort	Leipzig
Verlag	Engelmann
Jahr	1905
Umfang	36 S.
Ill.	Ill.,
Gesamttitel	Ostwalds Klassiker der exakten Wissenschaften ; 150
Sprache	ger

1705/Sommerfeld Fre 549

Autor/Hrsg.	Freundlich, Erwin
Titel-Stichwort	Die Grundlagen der Einsteinschen Gravitationstheorie
Hrsg./Bearb.	Einstein, Albert
Von	von Erwin Freundlich. Mit einem Vorw. von Albert Einstein
Verl.-Ort	Berlin
Verlag	Springer
Jahr	1916
Umfang	64 S.
Sprache	ger
Schlagwort	Gravitationstheorie

1705/Sommerfeld Fri 944

Autor/Hrsg.	Fricke, Robert
Titel-Stichwort	Kurzgefasste Vorlesungen über verschiedene Gebiete der höheren Mathematik
Untertitel	mit Berücksichtigung der Anwendungen ; analytisch-functionentheoretischer Teil
Von	von Robert Fricke
Verl.-Ort	Leipzig
Verlag	Teubner
Jahr	1900
Umfang	IX, 520 S. : graph. Darst.
Fussnote	Mehr nicht erschienen. - NST: Analytisch-funktionentheoretische Vorlesungen

1705/Sommerfeld Fri 946

Titel-Stichwort	Untersuchungen zum Problem der Ultraviolett-Dosimetrie
Hrsg./Bearb.	Friedrich, Walter
SBKAnsetz	Institut für Strahlenforschung <Berlin, Ost>
Untertitel	Arbeiten des Instituts für Strahlenforschung der Universität Berlin ; [1. Mitteilung: Das Problem der Dosimetrie; 2. Mitteilung: Methodik von Erythem- und Pigmentversuchen; 3. Mitteilung: Über Pigmentierung durch langweiliges Ultraviolet; 4. Mitteilung: Wirkung der Sonnenstrahlung auf die Haut; 5. Mitteilung: Untersuchungen an Lichtschutzmitteln; 6. Mitteilung: Methoden zur Ausmessung von Ultraviolettstrahlern; 7. Mitteilung: Physikalische und biologische Untersuchungen an künstlichen Ultraviolettstrahlern; 8. Mitteilung: Physikalische und biologische Untersuchungen an Lichttherapiekohlen]
Von	[von W. Friedrich, ...]
Verl.-Ort	Berlin [u.a.]
Verlag	Urban & Schwarzenberg
Jahr	1938/42
Umfang	Getr. Zählung
Fussnote	Aus: Strahlentherapie ; 63.1938 - 72.1942. - 1. - 8. Mitt. zsgeb. - Für andere Bibliotheken nicht zu benutzen!
Sprache	ger

1705/Sommerfeld Füc 1017

Autor/Hrsg.	Füchtbauer, Heinrich von
Titel-Stichwort	Georg Simon Ohm
Hrsg./Bearb.	Ohm, Georg Simon
Untertitel	ein Forscher wächst aus seiner Väter Art
Von	von Ritter von Füchtbauer
Verl.-Ort	Berlin
Verlag	VDI-Verl.
Jahr	1939
Umfang	VII, 246 S. : Ill.
Fussnote	In Fraktur
Schlagwort	Ohm, Georg Simon

1705/Sommerfeld Fuc 204

Autor/Hrsg.	Fuchs, Richard
Autor/Hrsg.	Hopf, Ludwig
Titel-Stichwort	Aerodynamik
Von	von Richard Fuchs und Ludwig Hopf
Verl.-Ort	Berlin
Verlag	Schmidt
Jahr	1922
Umfang	VIII, 466 S. : Ill., graph. Darst.
Gesamttitel	Handbuch der Flugzeugkunde ; 2
Fussnote	2. Aufl. in drei Bänden u.d.T.: Aerodynamik
Schlagwort	Aerodynamik

1705/Sommerfeld Fuc 2236

Autor/Hrsg.	Hopf, Ludwig
Titel-Stichwort	Mechanik des Flugzeugs
Von	von L. Hopf
Verl.-Ort	Berlin
Verlag	Springer
Jahr	1934
Umfang	VI, 339 S. : Ill., graph. Darst.
Gesamttitel	Aerodynamik ; 1
Schlagwort	Flugmechanik

1705/Sommerfeld Fuh 947

Titel-Stichwort	Aufgaben aus der analytischen Statik fester Körper
Ausgabe	3., verb. und verm. Aufl.
Jahr	1904
Umfang	XII, 206 S.
Ill.	Ill., graph. Darst.
Sprache	ger

1705/Sommerfeld Für 2403

Autor/Hrsg.	Fürth, Reinhold
Titel-Stichwort	Einführung in die theoretische Physik
Von	von Reinhold Fürth

Verl.-Ort	Wien
Verlag	Springer
Jahr	1936
Umfang	XIV, 483 S. : graph. Darst.
Schlagwort	Theoretische Physik

1705/Sommerfeld Für 735

Autor/Hrsg.	Fürth, Reinhold
Titel-Stichwort	Schwankungserscheinungen in der Physik
Von	von Reinhold Fürth
Verl.-Ort	Braunschweig
Verlag	Vieweg
Jahr	1920
Umfang	VIII, 93 S. : graph. Darst.
Gesamttitel	Sammlung Vieweg ; 48
Sprache	ger

1705/Sommerfeld Gal 1946

Titel-Stichwort	Erster und zweiter Tag
Jahr	1890
Umfang	142 S.
Ill.	graph. Darst.
Sprache	ger

1705/Sommerfeld Gal 1947

Autor/Hrsg.	Galilei, Galileo
Titel-Stichwort	Unterredungen und mathematische Demonstrationen über zwei neue Wissenszweige, die Mechanik und die Fallgesetze betreffend/2. Dritter u. vierter Tag. - 2. Aufl. - 1904. - 141 S. : graph. Darst.
Jahr	1904

1705/Sommerfeld Gal 1948

Titel-Stichwort	Anhang zum dritten und vierten Tag, fünfter und sechster Tag
Jahr	1891
Umfang	66 S.
Ill.	graph. Darst.

Sprache ger

1705/Sommerfeld Gal 61/1
Autor/Hrsg. Gallenkamp, Wilhelm
Titel-Stichwort Die Kegelschnitte in elementar-synthetischer Behandlung
Untertitel mit einer Figurentafel
Jahr 1880
Umfang 33 S. : Ill.
Sprache ger

1705/Sommerfeld Gal 61/2
Autor/Hrsg. Gallenkamp, Wilhelm
Titel-Stichwort Die Linien und die Flächen zweiter Ordnung nach den Methoden der Geometrie der Lage
Jahr 1880
Umfang VII, 128 S.
Sprache ger

1705/Sommerfeld Gam 846
Autor/Hrsg. Gamow, George
Titel-Stichwort Der Bau des Atomkerns und die Radioaktivität
Von von G. Gamow, Leningrad. Ins Dt. übertr. von C. u. F. Houtermans
Verl.-Ort Leipzig
Verlag Hirzel
Jahr 1932
Umfang 147 S., I Bl.
Ill. Ill., graph. Darst.
Gesamttitel Neue Probleme der Physik und Chemie ; 1
Fussnote Aus dem Engl. übers.
Format 22 cm
Sprache ger

1705/Sommerfeld Gan 409
Autor/Hrsg. Gans, Richard
Titel-Stichwort Einführung in die Vektoranalysis
Untertitel mit Anwendungen auf die mathematische Physik

Von	von Richard Gans
Ausgabe	5., verb. Aufl., anastatischer Nachdr.
Verl.-Ort	Leipzig [u.a.]
Verlag	Teubner
Jahr	1923
Umfang	117 S. : graph. Darst.
Gesamttitel	Teubners technische Leitfäden ; 16
Schlagwort	Vektoranalysis / Mathematische Physik

1705/Sommerfeld Gau 103

Autor/Hrsg.	Gauß, Carl Friedrich
Titel-Stichwort	Die vier Gauss'schen Beweise für die Zerlegung ganzer algebraischer Functionen in reelle Factoren ersten und zweiten Grades
Hrsg./Bearb.	Netto, Eugen
Untertitel	(1799 - 1849)
Von	hrsg. von E. Netto
Verl.-Ort	Leipzig
Verlag	Engelmann
Jahr	1890
Umfang	81 S. : graph. Darst.
Gesamttitel	Ostwalds Klassiker der exakten Wissenschaften ; 14
Schlagwort	Algebraische Funktion / Zerlegung <Mathematik>

1705/Sommerfeld Gau 109

Autor/Hrsg.	Gauß, Carl Friedrich
Titel-Stichwort	Allgemeine Flächentheorie
Von	von Carl Friedrich Gauss
Verl.-Ort	Leipzig
Verlag	Engelmann
Jahr	1889
Umfang	62 S.
Gesamttitel	Ostwald's Klassiker der exakten Wissenschaften ; 5
Originaltitel	Disquisitiones generales circa superficies curvas <dt.>
Sprache	ger
Schlagwort	Flächentheorie

1705/Sommerfeld Gau 113

Autor/Hrsg.	Gauß, Carl Friedrich
Titel-Stichwort	Allgemeine Lehrsätze in Beziehung auf die im verkehrten Verhältnisse des Quadrats der Entfernung wirkenden Anziehungs- und Abstossungs-Kräfte
Untertitel	1840
Von	von Carl Friedrich Gauss
Verl.-Ort	Leipzig
Verlag	Engelmann
Jahr	1889
Umfang	60 S.
Gesamttitel	Ostwald's Klassiker der exakten Wissenschaften ; 2
Sprache	ger
Schlagwort	Magnetismus / Geschichte

1705/Sommerfeld Gau 232

Autor/Hrsg.	Schering, Ernst Julius
Titel-Stichwort	[Theoria motus corporum coelestium in sectionibus conicis solem ambientium]
Von	Hrsg. von Ernst Julius Schering
Jahr	1871
Umfang	290 S.

1705/Sommerfeld Gau 2566

Autor/Hrsg.	Gauß, Carl Friedrich
Titel-Stichwort	Sechs Beweise des Fundamentaltheorems über quadratische Reste
Hrsg./Bearb.	Netto, Eugen
Von	von Carl Friedrich Gauss. Hrsg. von Eugen Netto
Verl.-Ort	Leipzig
Verlag	Engelmann
Jahr	1901
Umfang	111 S.
Gesamttitel	Ostwald's Klassiker der exakten Wissenschaften. ; 122.
Fussnote	Aus: Gauss, Carl F.: Werke. Bd. 1 ...

1705/Sommerfeld Gau 2755

Autor/Hrsg.	Gauß, Carl Friedrich
Titel-Stichwort	Allgemeine Grundlagen einer Theorie der Gestalt von Flüssigkeiten im Zustande

	des Gleichgewichts
Von	von Carl Friedrich Gauss
Verl.-Ort	Leipzig
Verlag	Engelmann
Jahr	1903
Umfang	73 S.
Gesamttitel	Ostwalds Klassiker der exakten Wissenschaften ; 135

1705/Sommerfeld Gau 64

Autor/Hrsg.	Gauß, Carl Friedrich
Autor/Hrsg.	Bessel, Friedrich Wilhelm
Titel-Stichwort	Briefwechsel zwischen Gauss und Bessel
Institution	Preußische Akademie der Wissenschaften <Berlin>
Von	hrsg. auf Veranlassung der Königlich Preussischen Akademie der Wissenschaften
Verl.-Ort	Leipzig
Verlag	Engelmann
Umfang	XXVI, 597 S.
Sprache	ger
Lok. Schlagwort	Gauss, Carl F.. - Bessel, Friedrich W.

1705/Sommerfeld Gau 986

Autor/Hrsg.	Gauß, Carl Friedrich
Titel-Stichwort	Werke/1
Ausgabe	2. Abdr.
Jahr	1870
Umfang	478 S.

1705/Sommerfeld Gau 987

Titel-Stichwort	[Höhere Arithmetik]
Ausgabe	2. Abdr.
Jahr	1876
Umfang	528 S.

1705/Sommerfeld Gau 991

Titel-Stichwort	[Analysis]
Ausgabe	2. Abdr.

Jahr	1876
Umfang	499 S.

1705/Sommerfeld Gau 992

Titel-Stichwort	[Wahrscheinlichkeitsrechnung und Geometrie]
Jahr	(1873)
Umfang	492 S.

1705/Sommerfeld Gau 994

Titel-Stichwort	[Mathematische Physik]
Ausgabe	2. Abdr.
Jahr	1877
Umfang	642 S.

1705/Sommerfeld Gau 995

Titel-Stichwort	[Astronomische Abhandlungen]
Jahr	1874
Umfang	664 S.

1705/Sommerfeld Gay 410

Titel-Stichwort	Das Ausdehnungsgesetz der Gase
Hrsg./Bearb.	Gay-Lussac, Joseph Louis
Untertitel	Abhandlungen ; (1802 - 1842)
Von	von Gay-Lussac, ...
Verl.-Ort	Leipzig
Verlag	Engelmann
Jahr	1894
Umfang	210 S.
Ill.	Ill., graph. Darst.
Gesamttitel	Ostwalds Klassiker der exakten Wissenschaften ; 44
Sprache	ger

1705/Sommerfeld Gec 949

Autor/Hrsg.	Geckeler, Joseph W.
Titel-Stichwort	Kreiselkompass und Schiffsmanöver
Untertitel	(erste Mitteilung)

Von	von J. W. Geckeler
Verl.-Ort	Kiel
Jahr	[ca. 1933]
Umfang	44 S. : zahlr. graph. Darst.
Fussnote	Sonderdr. aus : Ingenieur-Archiv ; 4.1933
Sprache	ger

1705/Sommerfeld Geh 2244

Autor/Hrsg.	Géhéniau, Jules
Titel-Stichwort	Mécanique ondulatoire de l'électron et du photon
Von	par Jules Géhéniau
Verl.-Ort	Paris
Verlag	Gauthier-Villars
Jahr	1938
Umfang	VII, 142 S.
Gesamttitel	La chimie mathématique ; 3
Sprache	fre

1705/Sommerfeld Geh 340

Autor/Hrsg.	Gehrcke, Ernst
Titel-Stichwort	Die Anwendung der Interferenzen in der Spektroskopie und Metrologie
Von	von E. Gehrcke
Verl.-Ort	Braunschweig
Verlag	Vieweg
Jahr	1906
Umfang	IX, 160 S. : Ill., graph. Darst.
Gesamttitel	Die Wissenschaft ; 17
Sprache	ger
Schlagwort	Interferenz / Spektroskopie
Schlagwort2	Interferenz / Metrologie

1705/Sommerfeld Geh 407

Autor/Hrsg.	Gehrcke, Ernst
Titel-Stichwort	Die Strahlen der positiven Elektrizität
Von	von E. Gehrcke
Verl.-Ort	Leipzig

Verlag	Hirzel
Jahr	1909
Umfang	XI, 124 S.
Ill.	Ill., graph. Darst.
Format	23 cm
Sprache	ger

1705/Sommerfeld Gei 1480

Autor/Hrsg.	Geiger, Hans
Titel-Stichwort	Die kosmische Ultrastrahlung als Forschungsproblem
Von	von H. Geiger
Verl.-Ort	Berlin
Verlag	de Gruyter
Jahr	1940
Umfang	33 S. : Ill., graph. Darst.
Gesamttitel	Preußische Akademie der Wissenschaften <Berlin>: Vorträge und Schriften ; 3
Sprache	ger

1705/Sommerfeld Gei 622

Autor/Hrsg.	Geiger, Moritz
Titel-Stichwort	Die philosophische Bedeutung der Relativitätstheorie
Untertitel	Vortrag gehalten im 1. Zyklus gemeinverständlicher Einzelvorträge, veranstaltet von der Universität München
Von	von Moritz Geiger
Verl.-Ort	Halle (Saale)
Verlag	Niemeyer
Jahr	1921
Umfang	47 S.
Sprache	ger
Schlagwort	Relativitätstheorie / Philosophische Bedeutung

1705/Sommerfeld Gei 890

Autor/Hrsg.	Geiger, Hans
Titel-Stichwort	Der Einfluss der Atomphysik auf unser Weltbild
Von	Hans Geiger
Beigef. Werk	Der Einfluss der Biologie auf unser Weltbild / Ernst Lehmann

Verl.-Ort	Stuttgart
Verlag	Kohlhammer
Jahr	1933
Umfang	32 S.
Gesamttitel	Deutsche Gegenwart und ihre geschichtlichen Wurzeln ; 5
Fussnote	Öffentliche Vorträge der Universität Tübingen Sommersemester 1933
Sprache	ger

1705/Sommerfeld Gei 948

Autor/Hrsg.	Geiger, Moritz
Titel-Stichwort	Systematische Axiomatik der Euklidischen Geometrie
Von	von Moritz Geiger
Verl.-Ort	Augsburg
Verlag	Filser
Jahr	1924
Umfang	XXIII, 271 S. : graph. Darst.
Sprache	ger
Schlagwort	Euklidische Geometrie / Axiomatik

1705/Sommerfeld Gei 952

Autor/Hrsg.	Geitler, Josef von
Titel-Stichwort	Elektromagnetische Schwingungen und Wellen
Von	von Josef Geitler
Ausgabe	2. verm. Aufl.
Verl.-Ort	Braunschweig
Verlag	Vieweg
Jahr	1921
Umfang	XI, 218 S. : Ill., graph. Darst.
Gesamttitel	Die Wissenschaft ; 6
Schlagwort	Elektromagnetische Schwingung
Schlagwort2	Elektromagnetische Welle

1705/Sommerfeld Ger 646

Autor/Hrsg.	Gerlach, Walther
Titel-Stichwort	Materie, Elektrizität, Energie
Untertitel	die Entwicklung der Atomistik in den letzten zehn Jahren

Von	von Walther Gerlach
Verl.-Ort	Dresden [u.a.]
Verlag	Steinkopff
Jahr	1923
Umfang	195 S. : Ill., graph. Darst.
Gesamttitel	Wissenschaftliche Forschungsberichte / Naturwissenschaftliche Reihe ; 7
Schlagwort	Atomistik / Entwicklung

1705/Sommerfeld Ger 709

Autor/Hrsg.	Gerlach, Walther
Titel-Stichwort	Materie, Elektrizität, Energie
Untertitel	Grundlagen und Ergebnisse der experimentellen Atomforschung
Von	von Walther Gerlach
Ausgabe	2. erw. Aufl.
Verl.-Ort	Dresden [u.a.]
Verlag	Steinkopff
Jahr	1926
Umfang	XI, 291 S. : graph. Darst.
Gesamttitel	Wissenschaftliche Forschungsberichte / Naturwissenschaftliche Reihe ; 7
Sprache	ger
Schlagwort	Materie / Elektrizität / Energie

1705/Sommerfeld Ger 810

Titel-Stichwort	Grundlagen und Methoden
Jahr	1930
Umfang	VI, 120 S. : graph. Darst.

1705/Sommerfeld Ger 954

Autor/Hrsg.	Gerland, Ernst
Autor/Hrsg.	Traumüller, Friedrich
Titel-Stichwort	Geschichte der physikalischen Experimentierkunst
Von	von E. Gerland und F. Traumüller
Verl.-Ort	Leipzig
Verlag	Engelmann
Jahr	1899
Umfang	XVI, 442 S. : zahlr. Ill., graph. Darst.

Sprache	ger
Schlagwort	Physik / Experiment / Geschichte

1705/Sommerfeld Ger 957

Autor/Hrsg.	Gerland, Ernst
Titel-Stichwort	Geschichte der Physik
Untertitel	mit 72 in den Text gedruckten Abbildungen
Von	von E. Gerland
Verl.-Ort	Leipzig
Verlag	Weber
Jahr	1892
Umfang	356 S. : Ill.
Gesamttitel	Webers illustrierte Katechismen ; 193
Sprache	ger

1705/Sommerfeld Gib 287

Autor/Hrsg.	Gibbs, Josiah Willard
Titel-Stichwort	Thermodynamische Studien
Hrsg./Bearb.	Ostwald, Wilhelm
Von	von J. Willard Gibbs. Unter Mitw. des Verf. aus dem Engl. übers. von W. Ostwald
Verl.-Ort	Leipzig
Verlag	Engelmann
Jahr	1892
Umfang	XIV, 409 S.
Ill.	Ill.
Format	24 cm
Sprache	ger
Schlagwort	Thermodynamik / Aufsatzsammlung

1705/Sommerfeld Gib 338

Autor/Hrsg.	Gibbs, Josiah Willard
Titel-Stichwort	Elementare Grundlagen der statistischen Mechanik
Untertitel	entwickelt besonders im Hinblick auf eine rationelle Begründung der Thermodynamik
Von	von J. Willard Gibbs
Verl.-Ort	Leipzig

Verlag	Barth
Jahr	1905
Umfang	216 S.
Fussnote	EST: Elementary principles in statistical mechanics <dt.>
Sprache	ger

1705/Sommerfeld Gio 2255

Autor/Hrsg.	Giorgi, Giovanni
Titel-Stichwort	Verso l'elettrotecnica moderna
Untertitel	richiami e contributi
Von	Giovanni Giorgi
Verl.-Ort	Milano
Verlag	Tamburini
Jahr	1949
Umfang	355 S. : Ill.
Sprache	ita

1705/Sommerfeld Gio 2281

Autor/Hrsg.	Giorgi, Giovanni
Titel-Stichwort	Dati e valori per la fisica e l'elettrotecnica
Von	Giovanni Giorgi
Verl.-Ort	Torino [u.a.]
Verlag	Soc. Ed. Internazionale
Jahr	1950
Umfang	87 S.
Sprache	ita

1705/Sommerfeld Gir 1335

Autor/Hrsg.	Girtler, Rudolf
Titel-Stichwort	Einführung in die Mechanik fester elastischer Körper und das zugehörige Versuchswesen
Untertitel	(Elastizitäts- und Festigkeitslehre)
Von	von Rudolf Girtler
Verl.-Ort	Wien
Verlag	Springer
Jahr	1931

Umfang	VIII, 450 S. : Ill., graph. Darst.
Schlagwort	Technische Mechanik

1705/Sommerfeld Gla 472

Autor/Hrsg.	Glasser, Otto
Titel-Stichwort	Wilhelm Conrad Röntgen und die Geschichte der Röntgenstrahlen
Von	von Otto Glasser
Beigef. Werk	Mit einem Beitrag Persönliches über W. C. Röntgen / von Margret Boveri
Verl.-Ort	Berlin
Verlag	Springer
Jahr	1931
Umfang	X, 337 S. : Ill.
Gesamttitel	Röntgenkunde in Einzeldarstellungen ; 3
Sprache	ger
Regensbg.Syst.	UB 3284
Schlagwort	Röntgen, Wilhelm Conrad

1705/Sommerfeld Glo 761

Autor/Hrsg.	Glocker, Richard
Titel-Stichwort	Materialprüfung mit Röntgenstrahlen
Untertitel	unter besonderer Berücksichtigung der Röntgenmetallographie
Von	von Richard Glocker
Verl.-Ort	Berlin
Verlag	Springer
Jahr	1927
Umfang	VI, 377 S. : Ill., graph. Darst.
Sprache	ger

1705/Sommerfeld Glo 976

Autor/Hrsg.	Glocker, Richard
Titel-Stichwort	Materialprüfung mit Röntgenstrahlen
Untertitel	unter besonderer Berücksichtigung der Röntgenmetallkunde
Von	von Richard Glocker
Ausgabe	2., umgearb. Aufl.
Verl.-Ort	Berlin
Verlag	Springer

Jahr	1936
Umfang	V, 386 S. : Ill., graph. Darst.

1705/Sommerfeld Goe 571 a

Titel-Stichwort	Naturwissenschaftliche Schriften ; 3
Jahr	[ca. 1896]
Umfang	XXXII, 540 S. : Ill.
Sprache	ger

1705/Sommerfeld Goe 571 b

Titel-Stichwort	Naturwissenschaftliche Schriften ; 4,1
Jahr	[ca. 1897]
Umfang	XVI, 341 S.
Sprache	ger

1705/Sommerfeld Goe 571 c

Titel-Stichwort	Naturwissenschaftliche Schriften ; 4,2, nebst Nachtrag und Generalregister zu Goethe I - XXXVI
Jahr	[ca. 1897]
Umfang	658 S. : Ill.
Sprache	ger

1705/Sommerfeld Goe 750

Autor/Hrsg.	Goetz, Alexander
Titel-Stichwort	Physik und Technik des Hochvakuums
Von	von Alexander Goetz
Ausgabe	2. umgearb. u. verm. Aufl.
Verl.-Ort	Braunschweig
Verlag	Vieweg
Jahr	1926
Verlag	Vieweg
Jahr	1926
Umfang	IX, 260 S. : zahlr. Ill.
Schlagwort	Vakuumtechnik

1705/Sommerfeld Gor 63

Autor/Hrsg.	Gorter, Cornelis Jacobus
Titel-Stichwort	Paramagnetische Eigenschaften von Salzen
Von	Cornelis Jacobus Gorter
Druckort	Haarlem
Drucker	Loosjes
Jahr	1932
Umfang	VIII, 112, 3 S.
Fussnote	Zugl.: Leiden, Univ., Diss., 1932
Sprache	ger

1705/Sommerfeld Gou 2252

Autor/Hrsg.	Goursat, Édouard
Titel-Stichwort	Vorlesungen über die Integration der partiellen Differentialgleichungen erster Ordnung
Von	E. Goursat. Gehalten an der Faculté des Sciences zu Paris. Bearb. von C. Bourlet. Autoris. dt. Ausg. von H. Maser. Mit einem Begleitwort von S. Lie
Verl.-Ort	Leipzig
Verlag	Teubner
Jahr	1893
Umfang	XII, 416 S.
Originaltitel	Leçons sur l'intégration des équations aux dérivées partielles du premier ordre <dt.>
Schlagwort	Partielle Differentialgleichung

1705/Sommerfeld Gra 566

Autor/Hrsg.	Grammel, Richard
Titel-Stichwort	Die hydrodynamischen Grundlagen des Fluges
Von	von Richard Grammel
Verl.-Ort	Braunschweig
Verlag	Vieweg
Jahr	1917
Umfang	IV, 135 S. : Ill., graph. Darst.
Gesamttitel	Sammlung Vieweg ; 39/40
Sprache	ger

1705/Sommerfeld Gra 959

Titel-Stichwort	Die Bessel'sche Funktion erster Art
Jahr	1898
Umfang	VI, 142 S.

1705/Sommerfeld Gra 960

Autor/Hrsg.	Grammel, Richard
Titel-Stichwort	Die mechanischen Beweise für die Bewegung der Erde
Untertitel	Mit 25 Textabb.
Von	von R. Grammel
Verl.-Ort	Berlin
Verlag	Springer
Jahr	1922
Umfang	71 S. : Ill.
Sprache	ger
Schlagwort	Erdrotation / Beweis

1705/Sommerfeld Gra 965

Autor/Hrsg.	Grammel, Richard
Titel-Stichwort	Der Kreisel
Untertitel	seine Theorie und seine Anwendungen
Von	von R. Grammel
Verl.-Ort	Braunschweig
Verlag	Vieweg
Jahr	1920
Umfang	X, 350 S.
Ill.	Ill., graph. Darst.
Format	23 cm
Sprache	ger
Schlagwort	Kreisel

1705/Sommerfeld Gra 968

Autor/Hrsg.	Grammel, Richard
Titel-Stichwort	Die hydrodynamischen Grundlagen des Fluges
Von	von Richard Grammel
Verl.-Ort	Braunschweig

Verlag	Vieweg
Jahr	1917
Umfang	IV, 135 S. : Ill., graph. Darst.
Gesamttitel	Sammlung Vieweg ; 39/40
Sprache	ger

1705/Sommerfeld Gra 972

Titel-Stichwort	Die Abhandlungen zur Mechanik und zur mathematischen Physik
Jahr	1902
Umfang	VIII, 266 S.

1705/Sommerfeld Gra 973

Titel-Stichwort	Allgemeine und spezielle Mechanik
Jahr	1904
Umfang	XXIV, 837 S.
Ill.	Ill., graph. Darst.
Sprache	ger

1705/Sommerfeld Gre 289

Autor/Hrsg.	Green, George
Titel-Stichwort	Ein Versuch die mathematische Analysis auf die Theorieen der Elektricität und des Magnetismus anzuwenden
Von	von George Green
Verl.-Ort	Leipzig
Verlag	Engelmann
Jahr	1895
Umfang	140 S.
Gesamttitel	Ostwald's Klassiker der exakten Wissenschaften ; 61

1705/Sommerfeld Gre 410

Autor/Hrsg.	Green, George
Titel-Stichwort	Ein Versuch die mathematische Analysis auf die Theorieen der Elektricität und des Magnetismus anzuwenden
Von	von George Green
Verl.-Ort	Leipzig
Verlag	Engelmann

Jahr	1895
Umfang	140 S.
Gesamttitel	Ostwald's Klassiker der exakten Wissenschaften ; 61

1705/Sommerfeld Gre 977

Autor/Hrsg.	Greenhill, Alfred G.
Titel-Stichwort	The applications of elliptic functions
Von	by Alfred George Greenhill
Verl.-Ort	London [u.a.]
Verlag	Macmillan
Jahr	1892
Umfang	XI, 357 S. : graph. Darst.

1705/Sommerfeld Gri 982

Titel-Stichwort	Mechanik, Wärmelehre, Akustik
Ausgabe	7. Aufl. / bearb. von Rudolf Tomaschek
Jahr	1929
Umfang	VIII, 700 S.

1705/Sommerfeld Gro 2175

Autor/Hrsg.	Groth, Paul von
Titel-Stichwort	Elemente der physikalischen und chemischen Krystallographie
Von	von Paul Groth
Verl.-Ort	München [u.a.]
Verlag	Oldenbourg
Jahr	1921
Umfang	VIII, 363 S. : Ill., graph. Darst.
Begleitmaterial	25 Beil.
Schlagwort	Kristallographie

1705/Sommerfeld Gro 985

Autor/Hrsg.	Groth, Paul von
Titel-Stichwort	Entwicklungsgeschichte der mineralogischen Wissenschaften
Von	von P. Groth
Verl.-Ort	Berlin
Verlag	Springer

Jahr	1926
Umfang	IV, 261 S. : Ill.
Sprache	ger
Schlagwort	Mineralogie / Phylogenie
Schlagwort2	Kristallographie / Geschichte <1650-1900>
Schlagwort3	Mineralogie / Geschichte <1650-1900>

1705/Sommerfeld Gud 904

Autor/Hrsg.	Gudden, Bernhard
Titel-Stichwort	Lichtelektrische Erscheinungen
Verl.-Ort	Berlin
Verlag	Springer
Jahr	1928
Umfang	IX, 325 S.
Gesamttitel	Struktur d. Materie in Einzeldarst. ; 8.
Schlagwort	Lichtelektrische Erscheinungen

1705/Sommerfeld Gue 1759

Autor/Hrsg.	Guericke, Otto von
Titel-Stichwort	Otto von Guericke's Neue "Magdeburgische" Versuche über den leeren Raum
Untertitel	1678
Verl.-Ort	Leipzig
Verlag	Engelmann
Jahr	1894
Umfang	116 S.
Ill.	Ill.
Gesamttitel	Ostwalds Klassiker der exakten Wissenschaften ; 59
Originaltitel	Experimenta nova Magdeburgica de vacuo spatio <dt.>
Sprache	ger

1705/Sommerfeld Gul 2303

Autor/Hrsg.	Guldberg, Cato M.
Autor/Hrsg.	Waage, Peter
Titel-Stichwort	Untersuchungen über die chemischen Affinitäten
Untertitel	Abhandlungen aus den Jahren 1864, 1867, 1879
Von	von C. M. Guldberg und P. Waage

Verl.-Ort	Leipzig
Verlag	Engelmann
Jahr	1899
Umfang	182 S., XVIII Bl.
Ill.	graph. Darst.
Gesamttitel	Ostwalds Klassiker der exakten Wissenschaften ; 104
Originaltitel	Etudes sur les affinités chimiques <dt.>
Sprache	ger

1705/Sommerfeld Gul 410

Autor/Hrsg.	Guldberg, Cato M.
Titel-Stichwort	Thermodynamische Abhandlungen über Molekulartheorie und chemische Gleichgewichte
Untertitel	drei Abhandlungen aus den Jahren 1867, 1868, 1870, 1872
Von	von C. M. Guldberg
Verl.-Ort	Leipzig
Verlag	Engelmann
Jahr	1903
Umfang	85 S.
Ill.	graph. Darst.
Gesamttitel	Ostwalds Klassiker der exakten Wissenschaften ; 139
Fussnote	Aus dem Norweg. übers.
Sprache	ger

1705/Sommerfeld Gum 577

Autor/Hrsg.	Gumlich, Ernst
Titel-Stichwort	Leitfaden der magnetischen Messungen
Untertitel	mit besonderer Berücksichtigung der in der Physikalisch-Technischen Reichsanstalt verwendeten Methoden und Apparate ; nebst einer Übersicht über die magnetischen Eigenschaften ferromagnetischer Stoffe
Von	von Ernst Gumlich
Verl.-Ort	Braunschweig
Verlag	Vieweg
Jahr	1918
Umfang	VIII, 228 S.
Ill.	Ill., graph. Darst.

Format	24 cm
Sprache	ger

1705/Sommerfeld Gün 1328(1

Titel-Stichwort	Grundlagen
Ausgabe	Unveränd. Nachdr. d. 5. verb. Aufl.
Jahr	1941
Umfang	VIII, 341 S. : Ill., graph. Darst.

1705/Sommerfeld Gün 1328(2

Titel-Stichwort	Rechenverfahren und Sonderfragen
Ausgabe	Unveränd. Nachdr. d. 5. verb. Aufl.
Jahr	1941
Umfang	342 S. : Ill., graph. Darst.

1705/Sommerfeld Gün 1328(3

Titel-Stichwort	Aufgaben aus der Praxis
Ausgabe	Unveränd. Nachdr. d. 3. verb. Aufl.
Jahr	1939
Umfang	257 S. : Ill., graph. Darst.

1705/Sommerfeld Gün 1539

Autor/Hrsg.	Günther, Norbert
Titel-Stichwort	Ernst Abbe
Hrsg./Bearb.	Abbe, Ernst
Untertitel	Schöpfer der Zeiss-Stiftung
Von	von Norbert Günther
Verl.-Ort	Stuttgart
Verlag	Wiss. Verl.-Ges.
Jahr	1946
Umfang	210 S. : Ill.
Gesamttitel	Große Naturforscher ; 2
Sprache	ger
Schlagwort	Abbe, Ernst

1705/Sommerfeld Haa 1000

Autor/Hrsg.	Haas, Arthur Erich
Titel-Stichwort	Das Naturbild der neuen Physik
Von	von Arthur Haas
Ausgabe	2., wesentl. verm. und verb. Aufl.
Verl.-Ort	Berlin [u.a.]
Verlag	de Gruyter
Jahr	1924
Umfang	160 S.: Ill.

1705/Sommerfeld Haa 1001

Autor/Hrsg.	Haas, Arthur Erich
Titel-Stichwort	Vektoranalysis in ihren Grundzügen und wichtigsten physikalischen Anwendungen
Von	von Arthur Haas
Verl.-Ort	Berlin
Verlag	de Gruyter
Jahr	1922
Umfang	VI, 149 S.: graph. Darst.
Schlagwort	Vektoranalysis

1705/Sommerfeld Haa 1002

Autor/Hrsg.	Haas, Arthur Erich
Titel-Stichwort	Atomtheorie
Untertitel	Mit 64 Fig. im Text u. auf 4 Taf.
Von	Arthur Erich Haas*
Ausgabe	2.,völlig umgearb.u.wesentlich verm.Aufl.
Verl.-Ort	Berlin
Verlag	De Gruyter
Jahr	1929
Umfang	VIII,258 S.m.Abb.
Schlagwort	Atomtheorie
Schlagwort2	Atomphysik

1705/Sommerfeld Haa 1004

Autor/Hrsg.	Haas, Arthur Erich
Titel-Stichwort	Die Welt der Atome
Untertitel	zehn gemeinverständl. Vorträge
Von	von Arthur Erich Haas
Verl.-Ort	Berlin [u.a.]
Verlag	de Gruyter
Jahr	1926
Umfang	XII, 130 S. : Ill., graph. Darst.
Sprache	ger
Schlagwort	Atomphysik

1705/Sommerfeld Haa 1276

Autor/Hrsg.	Haas, Arthur Erich
Titel-Stichwort	Einführung in die theoretische Physik/2
Ausgabe	5. u. 6., abermals völlig umgearb. u. wesentl. verm. Aufl.
Jahr	1930
Umfang	VIII, 448 S. : Ill.
Sprache	ger

1705/Sommerfeld Haa 2172

Autor/Hrsg.	Haas, Arthur Erich
Titel-Stichwort	Materiewellen und Quantenmechanik
Untertitel	eine elementare Einführung auf Grund der Theorien De Broglies, Schrödingers und Heisenbergs
Von	von Arthur Haas
Verl.-Ort	Leipzig
Verlag	Akad. Verl.-Ges.
Jahr	1928
Umfang	VI, 160 S.
Ill.	graph. Darst.
Sprache	ger
Schlagwort	Wellenmechanik
Schlagwort2	Quantenmechanik
Schlagwort3	Materiewelle

1705/Sommerfeld Haa 539

Autor/Hrsg.	Haas-Lorentz, Geertruida Luberta de
Titel-Stichwort	Die Brownsche Bewegung und einige verwandte Erscheinungen
Von	G. L. de Haas-Lorentz
Verl.-Ort	Braunschweig
Verlag	Vieweg
Jahr	1913
Umfang	103 S.
Gesamttitel	Die Wissenschaft ; H. 52.
Regensbg.Syst.	TB 6850
Schlagwort	Brownsche Bewegung

1705/Sommerfeld Haa 585

Autor/Hrsg.	Haas, Arthur Erich
Titel-Stichwort	Einführung in die theoretische Physik/1
Jahr	1919
Umfang	VII, 384 S.

1705/Sommerfeld Haa 998(1

Autor/Hrsg.	Haas, Arthur Erich
Titel-Stichwort	Einführung in die theoretische Physik/1
Jahr	1919
Umfang	VII, 384 S.

1705/Sommerfeld Haa 998(2

Autor/Hrsg.	Haas, Arthur Erich
Titel-Stichwort	Einführung in die theoretische Physik/2
Ausgabe	1. und 2. Aufl.
Jahr	1921
Umfang	VI, 286 S. : graph. Darst.

1705/Sommerfeld Hab 32

Autor/Hrsg.	Haber, Fritz
Titel-Stichwort	Aus Leben und Beruf
Untertitel	Aufsätze, Reden, Vorträge
Von	von Fritz Haber

Verl.-Ort	Berlin
Verlag	Springer
Jahr	1927
Umfang	VI, 173 S. : Ill.

1705/Sommerfeld Had 395

Autor/Hrsg.	Hadamard, Jacques
Titel-Stichwort	Leçons sur la propagation des ondes et les équations de l'hydrodynamique
Von	par Jacques Hadamard
Verl.-Ort	Paris
Verlag	Hermann
Jahr	1903
Umfang	XIII, 375 S.
Gesamttitel	Cours du Collège de France
Schlagwort	Wellenausbreitung
Schlagwort2	Hydrodynamische Gleichungen

1705/Sommerfeld Had 423

Titel-Stichwort	La variation première et les conditions du premier ordre, les conditions de l'extremum libre
Jahr	1910
Umfang	VIII, 520 S.

1705/Sommerfeld Had 714

Autor/Hrsg.	Hadamard, Jacques
Titel-Stichwort	Lectures on Cauchy's problem in linear partial differential equations
Von	by Jacques Hadamard
Verl.-Ort	New Haven
Verlag	Yale Univ.Pr.
Jahr	1923
Umfang	V,316,15 S.
Sprache	eng
Schlagwort	Cauchy-Anfangswertproblem
Schlagwort2	Partielle Differentialgleichung

1705/Sommerfeld Hag 588

Autor/Hrsg.	Hagenbach, August
Autor/Hrsg.	Konen, Heinrich Matthias
Titel-Stichwort	Atlas der Emissionsspektren der meisten Elemente
Untertitel	nach photographischen Aufnahmen
Von	von August Hagenbach und Heinrich Konen
Verl.-Ort	Jena
Verlag	Fischer
Jahr	1905
Umfang	VI, 72 S., XXVIII Bl. : Ill.
Schlagwort	Emissionsspektrum / Datensammlung

1705/Sommerfeld Ham 1013

Autor/Hrsg.	Hamilton, William Rowan
Titel-Stichwort	Elements of quaternions/1
Von	Ed. by Charles Jasper Joly
Ausgabe	2. ed.
Jahr	1899
Umfang	XXXIII, 583 S. : graph. Darst.

1705/Sommerfeld Ham 521

Autor/Hrsg.	Hammer, Ernst
Titel-Stichwort	Der logarithmische Rechenschieber und sein Gebrauch
Untertitel	eine elementare Anleitung zur Verwendung des Instruments für Studirende und für Praktiker
Von	bearb. von E. Hammer
Verl.-Ort	Lahr i.B.
Verlag	Nestler
Jahr	1898
Umfang	60 S.
Sprache	ger

1705/Sommerfeld Ham 78

Autor/Hrsg.	Hammer, Ernst
Titel-Stichwort	Über die geographisch wichtigsten Kartenprojektionen insbesondere die zenitalen Entwürfe

Untertitel	nebst Tafeln zur Verwandlung von geographischen Koordinaten in Azimutale
Von	von E. Hammer
Verl.-Ort	Stuttgart
Verlag	Metzler
Jahr	1889
Umfang	Getr. Zählung : Ill., graph. Darst.
Schlagwort	Kartennetzentwurf / Einführung

1705/Sommerfeld Han 1005

Autor/Hrsg.	Hankel, Hermann
Titel-Stichwort	Die Elemente der projectivischen Geometrie in synthetischer Behandlung
Untertitel	Vorlesungen
Verl.-Ort	Leipzig
Verlag	Teubner
Jahr	1875
Umfang	VIII, 256 S. : graph. Darst.
Regensbg.Syst.	SK 380

1705/Sommerfeld Han 1006

Titel-Stichwort	Theorie der complexen Zahlensysteme
Untertitel	insbesondere der gemeinen imaginären Zahlen und der Hamilton'schen Quaternionen nebst ihrer geometrischen Darstellung
Jahr	1867
Umfang	XII, 196 S. : graph. Darst.
Sprache	ger
Lok. Schlagwort	Komplexe Zahlen. - Hamilton'sche Quaternionen

1705/Sommerfeld Han 1021

Autor/Hrsg.	Hanle, Wilhelm
Titel-Stichwort	Künstliche Radioaktivität und ihre kernphysikalischen Grundlagen
Von	von Wilhelm Hanle
Verl.-Ort	Jena
Verlag	Fischer
Jahr	1939
Umfang	VIII, 114 S. : Ill., graph. Darst.
Schlagwort	Radioaktivität

1705/Sommerfeld Han 192(1

Autor/Hrsg.	Townsend, John Sealy
Titel-Stichwort	Die Ionisation der Gase
Von	J[ohn]. S[ealy]. Townsend
Beigef. Werk	Die Radioaktivität der Erde und der Atmosphäre / H[ans]. Geitel
Verl.-Ort	Leipzig
Verlag	Akad. Verl.-Ges.
Jahr	1920
Umfang	XVII, 473 S.
Ill.	Ill., graph. Darst.
Gesamttitel	Handbuch der Radiologie ; 1
Originaltitel	The theory of ionisation of gases by collision

1705/Sommerfeld Han 192(2

Autor/Hrsg.	Rutherford, Ernest
Titel-Stichwort	Radioaktive Substanzen und ihre Strahlungen
Verl.-Ort	Leipzig
Verlag	Akad. Verl.-Ges.
Jahr	1913
Umfang	IX, 642 S. : graph. Darst.
Gesamttitel	Handbuch der Radiologie ; 2
Originaltitel	Radioactive substances and their radiations <dt.>
Sprache	ger
Schlagwort	Radioaktive Strahlung
Schlagwort2	Radiologie / Geschichte

1705/Sommerfeld Han 192(3

Autor/Hrsg.	Gehrcke, Ernst
Titel-Stichwort	Glimmentladung
Von	von E. Gehrcke
Verl.-Ort	Leipzig
Verlag	Akad. Verl.-Ges.
Jahr	1916
Umfang	XXII, 618 S. : Ill., graph. Darst.
Gesamttitel	Handbuch der Radiologie ; 3.

Fussnote	Enth. u.a.: Die positive Säule / von R. Seeliger. - Die Lichtelektrizität / von Wilhelm Hallwachs

1705/Sommerfeld Han 192(4

Titel-Stichwort	Kanalstrahlen und Ionisation bei hohen Temperaturen
Verl.-Ort	Leipzig
Verlag	Akad. Verl.-Ges.
Jahr	1917
Umfang	XXIII, 806 S.
Gesamttitel	Handbuch der Radiologie ; 4.
Fussnote	Enth. u.a. 1.: Wien, Wilhelm: Kanalstrahlen. Enth. u.a. 2.: Hagenbach, August: Lichtbogen

1705/Sommerfeld Han 192(5

Titel-Stichwort	Kathodenstrahlen und Röntgenstrahlen
Verl.-Ort	Leipzig
Verlag	Akad. Verl.-Ges.
Jahr	1919
Umfang	XVII, 706 S. : Ill., graph. Darst.
Gesamttitel	Handbuch der Radiologie ; 5
Fussnote	Enth. u.a. 1.: Bestelmeyer, Adolf: Die spezifische Ladung des Elektrons. Enth. u.a. 2.: Starke, Hermann: Reflexion, Diffusion, Absorption, Sekundärstrahlung von Kathodenstrahlen

1705/Sommerfeld Han 192(6

Titel-Stichwort	Die Theorien der Radiologie
Hrsg./Bearb.	Laue, Max von
Von	bearb. von M. v. Laue ...
Verl.-Ort	Leipzig
Verlag	Akad.Verl.-Ges.
Jahr	1925
Umfang	XI, 806 S. : graph. Darst.
Gesamttitel	Handbuch der Radiologie ; 6

1705/Sommerfeld Han 30

Autor/Hrsg.	Handel, Paul von
Titel-Stichwort	Gedanken zu Physik und Metaphysik
Untertitel	erkenntnistheoretische Wandlungen im Weltbild der Naturwissenschaften
Von	Paul von Handel
Ausgabe	1. - 10. Tsd.
Verl.-Ort	Bergen / Oberbayern
Verlag	Müller & Kiepenheuer
Jahr	1947
Umfang	136 S.
Gesamttitel	Das Weltbild
Sprache	ger
Schlagwort	Physik / Metaphysik

1705/Sommerfeld Har 1010

Autor/Hrsg.	Harnack, Axel
Titel-Stichwort	Die Grundlagen der Theorie des logarithmischen Potentiales und der eindeutigen Potentialfunktion in der Ebene
Von	von Axel Harnack
Verl.-Ort	Leipzig
Verlag	Teubner
Jahr	1887
Umfang	IV, 158 S.
Schlagwort	Potenzialtheorie

1705/Sommerfeld Har 1012

Autor/Hrsg.	Harnack, Axel
Titel-Stichwort	Die Elemente der Differential- und Integralrechnung
Untertitel	zur Einführung in das Studium
Von	dargest. von Axel Harnack
Verl.-Ort	Leipzig
Verlag	Teubner
Jahr	1881
Umfang	VIII, 409 S. : graph. Darst.

1705/Sommerfeld Har 639

Autor/Hrsg. Hartmann, Johannes
Titel-Stichwort Tabellen für das Rowlandsche und das internationale Wellenlängensystem
Von von J. Hartmann
Verl.-Ort Göttingen
Verlag Dieterich
Jahr 1916
Umfang 78 S.
Gesamttitel Astronomische Mitteilungen der Königlichen Sternwarte zu Göttingen ; 19
Fussnote Aus: Abhandlungen der Königl. Gesellschaft der Wissenschaften zu Göttingen. Mathematisch-physikalische Klasse. N. F. ; 10,2. - Einzelaufnahme eines Zeitschr.-H.
Sprache ger

1705/Sommerfeld Har 80

Autor/Hrsg. Harnack, Axel
Titel-Stichwort Die Grundlagen der Theorie des logarithmischen Potentiales und der eindeutigen Potentialfunktion in der Ebene
Von von Axel Harnack
Verl.-Ort Leipzig
Verlag Teubner
Jahr 1887
Umfang IV, 158 S.
Schlagwort Potenzialtheorie

1705/Sommerfeld Hat 1099

Autor/Hrsg. Hatschek, Emil
Titel-Stichwort Die Viskosität der Flüssigkeiten
Von von Emil Hatschek
Verl.-Ort Dresden u.a.
Verlag Steinkopff
Jahr 1929
Umfang XII, 225 S. : Ill., graph. Darst.
Sprache ger

1705/Sommerfeld Hat 81

Autor/Hrsg. Hattendorff, Karl
Titel-Stichwort Algebraische Analysis
Von von Karl Hattendorff
Verl.-Ort Hannover
Verlag Rümpler
Jahr 1877
Umfang XII, 298 S. : graph. Darst.

1705/Sommerfeld Hat 82

Titel-Stichwort (Erstes bis drittes Buch)
Jahr 1880
Umfang XIV, 624 S. : graph. Darst.

1705/Sommerfeld Hei 1014

Titel-Stichwort Theorie der Kugelfunctionen und der verwandten Functionen
Ausgabe 2., umgearb. und verm. Aufl.
Jahr 1878
Umfang XVI, 484 S.

1705/Sommerfeld Hei 1016

Titel-Stichwort Anwendungen der Kugelfunctionen und der verwandten Functionen
Ausgabe 2., umgearb. und verm. Aufl.
Jahr 1881
Umfang XII, 380 S.

1705/Sommerfeld Hei 83(1

Titel-Stichwort Theorie der Kugelfunctionen und der verwandten Functionen
Ausgabe 2., umgearb. und verm. Aufl.
Jahr 1878
Umfang XVI, 484 S.

1705/Sommerfeld Hel 100

Autor/Hrsg. Helm, Georg
Titel-Stichwort Die Lehre von der Energie historisch-kritisch entwickelt
Untertitel nebst Beiträgen zu einer allgemeinen Energetik

Von	von Georg Helm
Verl.-Ort	Leipzig
Verlag	Felix
Jahr	1887
Umfang	V, 104 S.
Format	24 cm
Sprache	ger
Schlagwort	Energie
Schlagwort2	Energieerhaltung
Schlagwort3	Energetik

1705/Sommerfeld Hel 1022

Autor/Hrsg.	Helmholtz, Hermann von
Titel-Stichwort	Vorträge und Reden/2
Ausgabe	4. Aufl.
Jahr	1896
Umfang	XII, 434 S.

1705/Sommerfeld Hel 1026

Autor/Hrsg.	Helmholtz, Hermann von
Titel-Stichwort	Vorlesungen über die elektromagnetische Theorie des Lichts
Hrsg./Bearb.	König, Arthur
Von	von H. von Helmholtz. Hrsg. von Arthur König ...
Verl.-Ort	Hamburg ; Leipzig
Verlag	Voss
Jahr	1897
Umfang	XII, 370 S. : graph. Darst.
Gesamttitel	Helmholtz, Hermann von: Vorlesungen über theoretische Physik ; 5
Sprache	ger
Schlagwort	Naturwissenschaften / Weltbild
Schlagwort2	Licht / Elektromagnetismus / Theorie

1705/Sommerfeld Hel 1027

Autor/Hrsg.	Helmholtz, Hermann von
Titel-Stichwort	Vorträge und Reden/1
Ausgabe	5. Aufl.

Jahr	1903
Umfang	XV, 422 S. : Ill.
Sprache	ger

1705/Sommerfeld Hel 1028

Autor/Hrsg.	Helmholtz, Hermann von
Titel-Stichwort	Vorträge und Reden/1
Ausgabe	4. Aufl.
Jahr	1896
Umfang	XV, 422 S. : Ill.

1705/Sommerfeld Hel 1029

Autor/Hrsg.	Helmholtz, Hermann von
Titel-Stichwort	Vorträge und Reden/2
Ausgabe	5. Aufl.
Jahr	1903
Umfang	XII, 434 S. : Ill.
Sprache	ger

1705/Sommerfeld Hel 1037

Autor/Hrsg.	Helmholtz, Hermann von
Titel-Stichwort	Schriften zur Erkenntnistheorie
Hrsg./Bearb.	Hertz, Paul
Von	Hermann v. Helmholtz. Hrsg. und erl. von Paul Hertz ...
Verl.-Ort	Berlin
Verlag	Springer
Jahr	1921
Umfang	IX, 175 S. : graph. Darst.
Schlagwort	Erkenntnistheorie / Aufsatzsammlung

1705/Sommerfeld Hel 114

Autor/Hrsg.	Helmholtz, Hermann von
Titel-Stichwort	Über die Erhaltung der Kraft
Untertitel	1847
Von	von H. Helmholtz
Verl.-Ort	Leipzig

Verlag	Engelmann
Jahr	1889
Umfang	60 S.
Gesamttitel	Ostwalds Klassiker der exakten Wissenschaften ; 1
Sprache	ger
Schlagwort	Energieerhaltung

1705/Sommerfeld Hel 1533(1

Autor/Hrsg.	Helmholtz, Hermann von
Titel-Stichwort	Vorträge und Reden/1
Ausgabe	3. Aufl.
Jahr	1884
Umfang	XI, 396 S. : Ill.
Fussnote	Enth. u.a.: Über Goethes naturwissenschaftliche Arbeiten. Über die Wechselwirkung der Naturkräfte und die darauf bezüglichen neuesten Ermittlungen der Physik
Sprache	ger

1705/Sommerfeld Hel 1533(2

Autor/Hrsg.	Helmholtz, Hermann von
Titel-Stichwort	Vorträge und Reden/2
Ausgabe	3. Aufl.
Jahr	1884
Umfang	XII, 380 S.
Sprache	ger

1705/Sommerfeld Hel 179

Autor/Hrsg.	Helmholtz, Hermann von
Titel-Stichwort	Zwei hydrodynamische Abhandlungen
Hrsg./Bearb.	Wangerin, Albert
Von	von H. v. Helmholtz. Hrsg. von A. Wangerin
Verl.-Ort	Leipzig
Verlag	Engelmann
Jahr	1896
Umfang	79 S.
Gesamttitel	Ostwalds Klassiker der exakten Wissenschaften ; 79

Fussnote	Enth.: Ueber Wirbelbewegungen. Ueber discontinuirliche Flüssigkeitsbewegungen
Sprache	ger
Schlagwort	Hydrodynamik

1705/Sommerfeld Hel 2627

Autor/Hrsg.	Helmholtz, Hermann von
Titel-Stichwort	Abhandlungen zur Thermodynamik
Von	von H. von Helmholtz
Verl.-Ort	Leipzig
Verlag	Engelmann
Jahr	1902
Umfang	83 S.
Gesamttitel	Ostwalds Klassiker der exakten Wissenschaften ; 124
Sprache	ger
Schlagwort	Thermodynamik / Geschichte

1705/Sommerfeld Hel 288

Autor/Hrsg.	Helmholtz, Hermann von
Titel-Stichwort	Zwei hydrodynamische Abhandlungen
Hrsg./Bearb.	Wangerin, Albert
Von	von H. v. Helmholtz. Hrsg. von A. Wangerin
Verl.-Ort	Leipzig
Verlag	Engelmann
Jahr	1896
Umfang	79 S.
Gesamttitel	Ostwalds Klassiker der exakten Wissenschaften ; 79
Fussnote	Enth.: Ueber Wirbelbewegungen. Ueber discontinuirliche Flüssigkeitsbewegungen
Sprache	ger
Schlagwort	Hydrodynamik

1705/Sommerfeld Hel 310(1

Autor/Hrsg.	Helmholtz, Hermann von
Titel-Stichwort	Einleitung zu den Vorlesungen über theoretische Physik
Von	H. von Helmholtz. Hrsg. von Arthur König ...
Verl.-Ort	Leipzig
Verlag	Barth

Jahr	1903
Umfang	50 S. : Ill., : graph. Darst.
Gesamttitel	Helmholtz, Hermann von: Vorlesungen über theoretische Physik ; 1,1
Lok. Schlagwort	Theoretische Physik

1705/Sommerfeld Hel 314

Autor/Hrsg.	Helm, Georg
Titel-Stichwort	Die Energetik
Untertitel	nach ihrer geschichtlichen Entwickelung
Von	von Georg Helm
Verl.-Ort	Leipzig
Verlag	von Veit
Jahr	1898
Umfang	XII, 370 S.
Format	23 cm
Sprache	ger
Schlagwort	Energetik

1705/Sommerfeld Hel 84(1

Titel-Stichwort	Die mathematischen Theorieen
Jahr	1880
Umfang	XIV, 631 S. : graph. Darst.

1705/Sommerfeld Hel 84(2

Titel-Stichwort	Die physikalischen Theorieen,
Untertitel	mit Untersuchungen über die mathematische Erdgestalt auf Grund der Beobachtungen
Jahr	1884
Umfang	XV, 610 S., 2 Falttaf. : graph. Darst.

1705/Sommerfeld Hel 87

Autor/Hrsg.	Helmholtz, Hermann von
Titel-Stichwort	Die Thatsachen in der Wahrnehmung
Untertitel	Rede gehalten zur Stiftungsfeier der Friedrich-Wilhelms-Universität zu Berlin am 3. August 1878, überarbeitet und mit Zusätzen versehen
Von	von H. Helmholtz

Verl.-Ort	Berlin
Verlag	Hirschwald
Jahr	1879
Umfang	68 S.
Sprache	ger

1705/Sommerfeld Hen 2282

Autor/Hrsg.	Henri, Victor
Titel-Stichwort	Matière et énergie
Von	par Victor Henri
Verl.-Ort	Paris
Verlag	Hermann
Jahr	1933
Umfang	436 S. : Ill., graph. Darst.
Gesamttitel	Physique moléculaire
Sprache	fre

1705/Sommerfeld Hen 381

Autor/Hrsg.	Henri, Victor
Titel-Stichwort	Études de photochimie
Von	par Victor Henri
Verl.-Ort	Paris
Verlag	Gauthier-Villars
Jahr	1919
Umfang	VII, 218 S. : graph. Darst.
Sprache	fre

1705/Sommerfeld Hen 382(1/3

Lehrbuch der Elementar-Geometrie/1

Titel-Stichwort	Gleichheit der Gebilde in einer Ebene
Untertitel	Abbildung ohne Massänderung ; mit 193 Figuren in Holzschnitt
Ausgabe	3. Aufl.
Jahr	1897
Umfang	VIII, 144 S.
Ill.	graph. Darst.
Sprache	ger

1705/Sommerfeld Hen 544

Autor/Hrsg.	Henning, Friedrich
Titel-Stichwort	Die Grundlagen, Methoden und Ergebnisse der Temperaturmessung
Von	von F. Henning
Verl.-Ort	Braunschweig
Verlag	Vieweg
Jahr	1915
Umfang	IX, 297 S.
Ill.	Ill., graph. Darst.
Format	25 cm
Sprache	ger
Schlagwort	Temperaturmessung

1705/Sommerfeld Her 388

Titel-Stichwort	Schriften vermischten Inhalts
Jahr	1895
Umfang	XXIX, 368 S.

1705/Sommerfeld Her 389

Titel-Stichwort	Untersuchungen über die Ausbreitung der elektrischen Kraft
Ausgabe	2. Aufl.
Jahr	1894
Umfang	VIII, 295 S. : graph. Darst.

1705/Sommerfeld Her 390

Titel-Stichwort	Die Prinzipien der Mechanik
Jahr	1894
Umfang	XXIX, 312 S.

1705/Sommerfeld Her 765

Autor/Hrsg.	Hertz, Heinrich
Titel-Stichwort	Erinnerungen, Briefe, Tagebücher
Untertitel	Bearb. Johanna Hertz
Verl.-Ort	Leipzig
Verlag	Akad. Verl.-Ges.

Jahr	1927 ca.
Umfang	263 S. : 15 Ill.
Schlagwort	Hertz, Heinrich / Biographie

1705/Sommerfeld Her 88

Autor/Hrsg.	Herz, Norbert
Titel-Stichwort	Lehrbuch der Landkartenprojektionen
Von	von Norbert Herz
Verl.-Ort	Leipzig
Verlag	Teubner
Jahr	1885
Umfang	XIV, 312 S. : graph. Darst.
Schlagwort	Kartennetzentwurf / Lehrbuch

1705/Sommerfeld Hes 391

Autor/Hrsg.	Hesse, Ludwig Otto
Titel-Stichwort	Vorlesungen über analytische Geometrie des Raumes, insbesondere über Oberflächen zweiter Ordnung
Hrsg./Bearb.	Gundelfinger, Sigmund
Von	von Otto Hesse ; rev. u. mit Zusätzen vers. von S. Gundelfinger
Ausgabe	3. Aufl.
Verl.-Ort	Leipzig
Verlag	Teubner
Jahr	1876
Umfang	XVI, 546 S.

1705/Sommerfeld Hes 701

Autor/Hrsg.	Hess, Victor Franz
Titel-Stichwort	Die elektrische Leitfähigkeit der Atmosphäre und ihre Ursachen
Verl.-Ort	Braunschweig
Verlag	Vieweg
Jahr	1926
Umfang	VIII, 174 S. : Ill.
Gesamttitel	Sammlung Vieweg. Tagesfragen aus d.Gebieten d.,Naturwiss.u.d. Technik.
Schlagwort	Elektrische Leitfähigkeit / Atmosphäre

1705/Sommerfeld Hes 89

Autor/Hrsg.	Hess, Edmund
Titel-Stichwort	Einleitung in die Lehre von der Kugelteilung
Untertitel	mit besonderer Berücksichtigung ihrer Anwendung auf die Theorie der gleichflächigen und der gleicheckigen Polyeder
Von	von Edmund Hess
Verl.-Ort	Leipzig
Verlag	Teubner
Jahr	1883
Umfang	X, 475 S.

1705/Sommerfeld Hev 657

Autor/Hrsg.	Hevesy, Georg von
Autor/Hrsg.	Paneth, Friedrich Adolf
Titel-Stichwort	Lehrbuch der Radioaktivität
Von	von Georg v. Hevesy und Fritz Paneth
Verl.-Ort	Leipzig
Verlag	Barth
Jahr	1923
Umfang	X, 213 S.
Ill.	Ill., graph. Darst.
Format	24 cm
Sprache	ger
Regensbg.Syst.	UN 1900
Schlagwort	Radioaktivität
Signatur	1801/UN 1900 H596

1705/Sommerfeld Hev 726

Autor/Hrsg.	Hevesy, Georg von
Titel-Stichwort	Die seltenen Erden vom Standpunkte des Atombaues
Verl.-Ort	Berlin
Verlag	Springer
Jahr	1927
Umfang	VIII, 140 S.: graph.Darst.
Gesamttitel	Struktur d. Materie in Einzeldarst. ; 5.

1705/Sommerfeld Hey 316

Autor/Hrsg.	Heydweiller, Adolf
Titel-Stichwort	Hülfsbuch für die Ausführung elektrischer Messungen
Von	von Ad. Heydweiller
Verl.-Ort	Leipzig
Verlag	Barth
Jahr	1892
Umfang	VIII, 262 S. : graph.Darst.
Sprache	ger
Regensbg.Syst.	UH 4000
Schlagwort	Elektrische Messung

1705/Sommerfeld Hey 508

Autor/Hrsg.	Heywood, Horace B.
Autor/Hrsg.	Fréchet, Maurice
Titel-Stichwort	L'équation de Fredholm et ses applications à la physique mathématique
Von	par H. B. Heywood ; M. Fréchet
Verl.-Ort	Paris
Verlag	Hermann
Jahr	1912
Umfang	VI, 165 S.

1705/Sommerfeld Hey 97

Autor/Hrsg.	Heymann, Woldemar
Titel-Stichwort	Studien über die Transformation und Integration der Differential- und Differenzengleichungen
Untertitel	nebst einem Anhang verwandter Aufgaben
Von	von Woldemar Heymann
Verl.-Ort	Leipzig
Verlag	Teubner
Jahr	1891
Umfang	X, 436 S.
Sprache	ger

1705/Sommerfeld Hic 394

Autor/Hrsg.	Hicks, William Mitchinson
Titel-Stichwort	The structure of spectral terms
Untertitel	with 11 figures and a folding diagram
Von	by W. M. Hicks
Verl.-Ort	London
Verlag	Methuen
Jahr	1935
Umfang	XI, 209 S.
Sprache	eng

1705/Sommerfeld Hic 658

Autor/Hrsg.	Hicks, William Mitchinson
Titel-Stichwort	A treatise on the analysis of spectra
Untertitel	based on an essay to which the Adams Prize was awarded in 1921
Von	by W. M. Hicks
Verl.-Ort	Cambridge
Verlag	Univ. Pr.
Jahr	1922
Umfang	326 S. : graph. Darst.
Sprache	eng

1705/Sommerfeld Hil 1491

Autor/Hrsg.	Hilbert, David
Autor/Hrsg.	Nordheim, Lothar Wolfgang
Titel-Stichwort	Mathematische Methoden der Quantentheorie
Untertitel	Vorlesung gehalten im W.S. 1926/27
Von	von Hilbert. Ausgearb. von L. W. Nordheim
Verl.-Ort	[Göttingen]
Jahr	[1927]
Umfang	III, 125 Bl.
Fussnote	Maschinenschriftl. Exemplar. - Für andere Bibliotheken nicht zu benutzen!

1705/Sommerfeld Hil 397

Autor/Hrsg.	Hilbert, David
Titel-Stichwort	Grundzüge einer allgemeinen Theorie der linearen Integralgleichungen

Von	von David Hilbert
Verl.-Ort	Leipzig [u.a.]
Verlag	Teubner
Jahr	1912
Umfang	XXVI, 282 S.
Gesamttitel	Fortschritte der mathematischen Wissenschaften in Monographien ; 3
Sprache	ger
Schlagwort	Lineare Integralgleichung / Theorie

1705/Sommerfeld Hil 399

Titel-Stichwort	Festschrift zur Feier der Enthüllung des Gauss-Weber-Denkmals in Göttingen
Verl.-Ort	Leipzig
Verlag	Teubner
Jahr	1899
Umfang	112 S.
Fussnote	Enth. : Grundlagen der Geometrie / David Hilbert. - Grundlagen der Elektrodynamik / Emil Wiechert.
Sprache	ger
Lok. Schlagwort	Gauss, Carl F. - Weber, Heinrich

1705/Sommerfeld Hil 520

Titel-Stichwort	Festschrift zur Feier der Enthüllung des Gauss-Weber-Denkmals in Göttingen
Verl.-Ort	Leipzig
Verlag	Teubner
Jahr	1899
Umfang	112 S.
Fussnote	Enth. : Grundlagen der Geometrie / David Hilbert. - Grundlagen der Elektrodynamik / Emil Wiechert.
Sprache	ger
Lok. Schlagwort	Gauss, Carl F. - Weber, Heinrich

1705/Sommerfeld Hin 202

Autor/Hrsg.	Hinrichsen, Friedrich Willy
Titel-Stichwort	Vorlesungen über chemische Atomistik
Verl.-Ort	Leipzig
Verlag	Teubner

Jahr	1908
Umfang	VIII, 198 S. : graph. Darst.
Regensbg.Syst.	VE 5020

1705/Sommerfeld Hin 2544(1

Titel-Stichwort	Physik
Hrsg./Bearb.	Warburg, Emil
Hrsg./Bearb.	Auerbach, Felix
Von	unter Red. von E. Warburg. Bearb. von F. Auerbach ...
Verl.-Ort	Leipzig u.a.
Verlag	Teubner
Jahr	1915
Umfang	VIII, 762 S.
Ill.	graph. Darst.
Gesamttitel	Die Kultur der Gegenwart ; 3,3,1
Schlagwort	Physik

1705/Sommerfeld Hof 2413

Autor/Hrsg.	Hoff, Jacobus H. van't
Titel-Stichwort	Die Gesetze des chemischen Gleichgewichtes für den verdünnten, gasförmigen oder gelösten Zustand
Untertitel	der Kgl. Schwed. Akad. d. Wissensch. vorgelegt am 14. Okt. 1885
Von	von J. H. Van't Hoff
Verl.-Ort	Leipzig
Verlag	Engelmann
Jahr	1900
Umfang	105 S.
Ill.	graph. Darst.
Gesamttitel	Ostwald's Klassiker der exakten Wissenschaften ; 110
Fussnote	Auch als: Kongl. Svenska Vetenskaps - Akademiens Handlingar ; 21
Originaltitel	Lois de léquilibre chimique dans l'état dilué, gazeux ou dissous <dt.>
Sprache	ger
Schlagwort	Chemisches Gleichgewicht / Geschichte

1705/Sommerfeld Hol 392

Autor/Hrsg.	Holborn, Ludwig

Autor/Hrsg.	Scheel, K.
Autor/Hrsg.	Henning, Friedrich
Titel-Stichwort	Wärmetabellen
Untertitel	Ergebnisse aus den thermischen Unters. der Physikalisch-Technischen Reichsanstalt
Von	zsgest. von L. Holborn, K. Scheel und F. Henning
Verl.-Ort	Braunschweig
Verlag	Vieweg
Jahr	1919
Umfang	72 S.
Format	24 cm
Sprache	ger
Schlagwort	Thermodynamik / Tabelle

1705/Sommerfeld Hon 201

Autor/Hrsg.	Honda, Kotaro
Titel-Stichwort	Magnetic properties of matter
Von	Kotaro Honda
Verl.-Ort	Tokyo
Verlag	Syokwabo
Jahr	1928
Umfang	III, 256 S. : graph. Darst.
Sprache	eng

1705/Sommerfeld Hön 393

Autor/Hrsg.	Hönigswald, Richard
Titel-Stichwort	Immanuel Kant
gefeierte Pers.	Kant, Immanuel
Untertitel	Festrede an Kants 200. Geburtstag
Von	gehalten in der Schlesischen Ges. für Vaterländische Kultur zu Breslau von Richard Hönigswald
Verl.-Ort	Breslau
Verlag	Trewendt und Granier
Jahr	1924
Umfang	48 S.

1705/Sommerfeld Hön 393

Autor/Hrsg.	Hönigswald, Richard
Titel-Stichwort	Immanuel Kant
gefeierte Pers.	Kant, Immanuel
Untertitel	Festrede an Kants 200. Geburtstag
Von	gehalten in der Schlesischen Ges. für Vaterländische Kultur zu Breslau von Richard Hönigswald
Verl.-Ort	Breslau
Verlag	Trewendt und Granier
Jahr	1924
Umfang	48 S.

1705/Sommerfeld Hop 2239

Autor/Hrsg.	Hopf, Ludwig
Titel-Stichwort	Die Relativitätstheorie
Von	von Ludwig Hopf
Ausgabe	1. - 5. Tsd.
Verl.-Ort	Berlin
Verlag	Springer
Jahr	1931
Umfang	VIII, 147 S. : graph. Darst.
Gesamttitel	Verständliche Wissenschaft ; 14

1705/Sommerfeld Hop 2240

Autor/Hrsg.	Hopf, Ludwig
Titel-Stichwort	Materie und Strahlung
Untertitel	(Korpuskel und Feld)
Von	von Ludwig Hopf
Verl.-Ort	Berlin
Verlag	Springer
Jahr	1936
Umfang	VII, 161 S.: Ill., graph. Darst.
Gesamttitel	Verständliche Wissenschaft ; 30
Schlagwort	Feld <Physik> / Teilchen
Signatur	2003/C x 01

1705/Sommerfeld Hor 2756

Autor/Hrsg.	Horstmann, August Friedrich
Titel-Stichwort	Abhandlungen zur Thermodynamik chemischer Vorgänge
Von	von August Horstmann
Verl.-Ort	Leipzig
Verlag	Engelmann
Jahr	1903
Umfang	73 S.
Ill.	graph. Darst.
Gesamttitel	Ostwalds Klassiker der exakten Wissenschaften ; 137
Sprache	ger

1705/Sommerfeld Hor 434

Autor/Hrsg.	Hort, Hermann
Titel-Stichwort	Der Entropiesatz
Untertitel	oder der zweite Hauptsatz der mechanischen Wärmetheorie
Von	H. Hort
Verl.-Ort	Berlin
Verlag	Springer
Jahr	1910
Umfang	42 S. : Ill., graph. Darst.
Sprache	ger

1705/Sommerfeld Hra 79

Autor/Hrsg.	Hrabák, Josef
Titel-Stichwort	Gemeinnütziges, mathematisch-technisches Tabellenwerk
Untertitel	eine möglichst vollständige Sammlung von Hilfstabellen für Rechnungen mit und ohne Logarithmen ; nebst zeitentsprechenden Maass-, Gewichts- und Geldrechnungs-Tabellen insbesondere für das metrische und englische, österreichische und preussische Maass- und Gewichts-System
Von	von Josef Hrabák
Ausgabe	2. Stereotypaufl.
Verl.-Ort	Leipzig
Verlag	Teubner
Jahr	1876
Umfang	VIII, 445 S.

Sprache	ger

1705/Sommerfeld Hub 2237

Autor/Hrsg.	Hubble, Edwin Powell
Titel-Stichwort	Das Reich der Nebel
Hrsg./Bearb.	Kiepenheuer, Karl Otto
Von	von Edwin Hubble
Verl.-Ort	Braunschweig
Verlag	Vieweg
Jahr	1938
Umfang	X,192 S. : Ill.
Gesamttitel	Die Wissenschaft. ; Bd. 91.
Originaltitel	The realm of the nebulae <dt.>
Schlagwort	Nebel <Astronomie>
Schlagwort2	Galaxie

1705/Sommerfeld Hug 624a

Autor/Hrsg.	Hughes, Arthur L.
Titel-Stichwort	Report on photo-electricity
Untertitel	including ionizing and radiating potentials and related effects
Von	by Arthur Llewelyn Hughes
Verl.-Ort	Washington, D.C.
Verlag	The National Academy of Sciences
Jahr	1921
Umfang	S. 84 - 169 : graph. Darst.
Fussnote	Aus: Bulletin of the National Research Council ; 2,10. - Einzelaufnahme eines Zeitschr.-H.
Sprache	eng

1705/Sommerfeld Hum 2298

Autor/Hrsg.	Hume-Rothery, William
Titel-Stichwort	The metallic state
Untertitel	electrical properties and theories
Von	by W. Hume-Rothery
Verl.-Ort	Oxford
Verlag	Clarendon Pr.

Jahr	1931
Umfang	XX, 371 S. : graph. Darst.
Sprache	eng

1705/Sommerfeld Hum 410

Titel-Stichwort	Das Volumgesetz gasförmiger Verbindungen
Hrsg./Bearb.	Humboldt, Alexander von
Hrsg./Bearb.	Gay-Lussac, Joseph Louis
Untertitel	Abhandlungen ; (1805 - 1808)
Von	von Alex. von Humboldt und J. F. Gay-Lussac
Verl.-Ort	Leipzig
Verlag	Engelmann
Jahr	1893
Umfang	42 S.
Gesamttitel	Ostwald's Klassiker der exakten Wissenschaften ; 42
Sprache	ger
Schlagwort	Volumgesetz / Gas / Geschichte

1705/Sommerfeld Hup 532

Autor/Hrsg.	Hupka, Erich
Titel-Stichwort	Die Interferenz der Röntgenstrahlen
Verl.-Ort	Braunschweig
Verlag	Vieweg
Jahr	1914
Umfang	68 S. : Ill., graph. Darst.
Gesamttitel	Sammlung Vieweg ; 18
Schlagwort	Röntgenstrahlung / Interferenz <Physik>

1705/Sommerfeld Huy 205

Titel-Stichwort	Christiaan Huygens
Hrsg./Bearb.	Huygens, Christiaan
Untertitel	1629 - 14 April - 1929 ; zijn geboortedag, 300 jaar geleden, herdacht
Verl.-Ort	Amsterdam
Verlag	Paris
Jahr	1929
Umfang	61 S.

| Ill. | Ill. |

1705/Sommerfeld Huy 2757

Autor/Hrsg.	Huygens, Christiaan
Titel-Stichwort	Christian Huygens' nachgelassene Abhandlungen
Von	Christiaan Huygens
Verl.-Ort	Leipzig
Verlag	Engelmann
Jahr	1903
Umfang	79 S.
Ill.	graph. Darst.
Gesamttitel	Ostwalds Klassiker der exakten Wissenschaften ; 138
Fussnote	Enth.: Über die Bewegung der Körper durch den Stoss. Über die Centrifugalkraft
Sprache	ger

1705/Sommerfeld Hyl 2314

Autor/Hrsg.	Hylleraas, Egil Anderson
Titel-Stichwort	Die Grundlagen der Quantenmechanik mit Anwendungen auf atomtheoretische Ein- und Mehrelektronenprobleme
HSS-Vermerk	Zugl.: Oslo, Univ., Diss., 1933
Von	von Egil A. Hylleraas
Verl.-Ort	Oslo
Verlag	Dybwad [in Komm.]
Jahr	1932
Umfang	142 S.
Gesamttitel	Norske Videnskaps-Akademi <Oslo>. Matematisk-Naturvidenskapelige Klasse : Skrifter ; 1932,6
Sprache	ger

1705/Sommerfeld Ign 208

Titel-Stichwort	Anwendung der Vektoranalysis in der theoretischen Physik
Jahr	1926
Umfang	IV, 123 S. : Ill.

1705/Sommerfeld Ign 209

Titel-Stichwort Die Vektoranalysis

Jahr 1926

Umfang IX, 108 S. : Ill.

1705/Sommerfeld Jac 213

Titel-Stichwort Vorlesungen über Dynamik

Ausgabe 2., rev. Ausg.

Jahr 1884

Umfang VIII, 300 S.

1705/Sommerfeld Jae 562

Autor/Hrsg. Jaeger, Wilhelm

Titel-Stichwort Elektrische Meßtechnik

Untertitel Theorie und Praxis der elektrischen und magnetischen Messungen

Von von Wilhelm Jaeger

Verl.-Ort Leipzig

Verlag Barth

Jahr 1917

Umfang XXVI, 533 S. : Ill., zahlr. graph. Darst.

1705/Sommerfeld Jäg 2277

Titel-Stichwort Schall und Wärme

Ausgabe 6., umgearb. und verm. Aufl.

Jahr 1930

Umfang 133 S. : graph. Darst.

Sprache ger

1705/Sommerfeld Jäg 2278

Titel-Stichwort Elektrizität und Magnetismus

Ausgabe 6., verb. Aufl.

Jahr 1930

Umfang 151 S. : graph. Darst.

Sprache ger

1705/Sommerfeld Jäg 2279

Titel-Stichwort Optik
Ausgabe 6., umgearb. u. verm. Aufl.
Jahr 1930
Umfang 148 S. : graph. Darst.
Sprache ger

1705/Sommerfeld Jäg 2280

Titel-Stichwort Wärmestrahlung, Elektronik und Atomphysik
Ausgabe 4., umgearb. und verm. Aufl.
Jahr 1930
Umfang 130 S. : graph. Darst.
Sprache ger

1705/Sommerfeld Jah 85(1

Titel-Stichwort Jahrbuch der Radioaktivität und Elektronik/1.1904(1905)
Band 1.1904(1905)

1705/Sommerfeld Jah 85(10

Titel-Stichwort Jahrbuch der Radioaktivität und Elektronik/10.1913
Band 10.1913

1705/Sommerfeld Jah 85(2

Titel-Stichwort Jahrbuch der Radioaktivität und Elektronik/2.1905(1906)
Band 2.1905(1906)

1705/Sommerfeld Jah 85(3

Titel-Stichwort Jahrbuch der Radioaktivität und Elektronik/3.1906(1907)
Band 3.1906(1907)

1705/Sommerfeld Jah 85(4

Titel-Stichwort Jahrbuch der Radioaktivität und Elektronik/4.1907(1908)
Band 4.1907(1908)

1705/Sommerfeld Jah 85(5

Titel-Stichwort Jahrbuch der Radioaktivität und Elektronik/5.1908

Band 5.1908

1705/Sommerfeld Jah 85(6
Titel-Stichwort Jahrbuch der Radioaktivität und Elektronik/6.1909(1910)
Band 6.1909(1910)

1705/Sommerfeld Jah 85(7
Titel-Stichwort Jahrbuch der Radioaktivität und Elektronik/7.1910
Band 7.1910

1705/Sommerfeld Jah 85(8
Titel-Stichwort Jahrbuch der Radioaktivität und Elektronik/8.1911
Band 8.1911

1705/Sommerfeld Jah 85(9
Titel-Stichwort Jahrbuch der Radioaktivität und Elektronik/9.1912
Band 9.1912

1705/Sommerfeld Jea 210
Autor/Hrsg. Jeans, James Hopwood
Titel-Stichwort Report on radiation and the quantum-theory
Von by J. H. Jeans. The Physical Society of London
Ausgabe 2. ed.
Verl.-Ort London
Verlag Fleetway Pr.
Jahr 1924
Umfang 86 S.

1705/Sommerfeld Jea 211
Autor/Hrsg. Jeans, James Hopwood
Titel-Stichwort Report on radiation and the quantum-theory
Von by J. H. Jeans. The Physical Society of London
Verl.-Ort London
Verlag "The Electrician"
Jahr 1914
Umfang 90 S.

1705/Sommerfeld Jea 216

Autor/Hrsg.	Jeans, James Hopwood
Titel-Stichwort	Dynamische Theorie der Gase
Von	J. H. Jeans
Ausgabe	Nach d. 4. engl. Aufl. übers.
Verl.-Ort	Braunschweig
Verlag	Vieweg
Jahr	1926
Umfang	VI, 613 S. : graph. Darst.
Originaltitel	The dynamical theory of gases <dt.>
Schlagwort	Kinetische Gastheorie

1705/Sommerfeld Jel 105

Autor/Hrsg.	Jellett, John H.
Titel-Stichwort	Die Theorie der Reibung
Hrsg./Bearb.	Lüroth, Jakob
Von	von John H. Jellett. Dt. bearb. von Jakob Lüroth ...
Verl.-Ort	Leipzig
Verlag	Teubner
Jahr	1890
Umfang	X, 238 S.
Ill.	Ill., graph. Darst.
Format	23 cm
Originaltitel	A treatise of the theory of friction <dt.>
Schlagwort	Reibung

1705/Sommerfeld Jel 217

Autor/Hrsg.	Jellett, John H.
Autor/Hrsg.	Schnuse, Christian Heinrich
Titel-Stichwort	Die Grundlehren der Variationsrechnung
Von	von J. H. Jellett. Frei bearb. von C. H. Schnuse
Verl.-Ort	Braunschweig
Verlag	Leibrock
Jahr	1860
Umfang	XIII, 448 S.

Regensbg.Syst. SK 660

1705/Sommerfeld Joa 219

Autor/Hrsg.	Joachimsthal, Ferdinand
Titel-Stichwort	Elemente der analytischen Geometrie der Ebene
Von	von F. Joachimsthal
Verl.-Ort	Berlin
Verlag	Reimer
Jahr	1863
Umfang	XIV, 205 S., [8] Bl. : Ill.
Sprache	ger

1705/Sommerfeld Joa 220

Autor/Hrsg.	Joachimsthal, Ferdinand
Titel-Stichwort	Anwendung der Differential- und Integralrechnung auf die allgemeine Theorie der Flächen und der Linien doppelter Krümmung
Von	von F. Joachimsthal
Verl.-Ort	Leipzig
Verlag	Teubner
Jahr	1872
Umfang	VIII, 174 S.

1705/Sommerfeld Jof 221

Autor/Hrsg.	Joffe, Abram F.
Titel-Stichwort	The physics of crystals
Von	by Abram F. Joffé
Ausgabe	1. ed., 2. impress.
Verl.-Ort	New York [u.a.]
Verlag	McGraw-Hill
Jahr	1928
Umfang	XI, 198 S. : Ill., graph. Darst.
Sprache	eng

1705/Sommerfeld Joo 1272

Autor/Hrsg.	Joos, Georg
Titel-Stichwort	Atomphysik und Sternphysik

Untertitel	Antrittsvorlesung
Von	von G. Joos
Verl.-Ort	Jena
Verlag	G. Fischer
Jahr	1929
Umfang	15 S. : Ill.
Schlagwort	Astrophysik
Schlagwort2	Atomphysik

1705/Sommerfeld Jor 106

Autor/Hrsg.	Jordan, Wilhelm
Titel-Stichwort	Barometrische Höhentafeln
Hrsg./Bearb.	Hammer, Ernst
Untertitel	mit einem Anhang, Stationsausgleichung von Richtungsbeobachtungen
Von	W. Jordan
Verl.-Ort	Stuttgart
Verlag	Metzler
Jahr	1879
Umfang	2 Bl., 80 S.
Sprache	ger

1705/Sommerfeld Jun 2913

Autor/Hrsg.	Jung, Karl
Titel-Stichwort	Kleine Erdbebenkunde
Von	von Karl Jung
Ausgabe	1. - 5. Tsd.
Verl.-Ort	Berlin
Verlag	Springer
Jahr	1938
Umfang	V, 158 S.
Ill.	Ill., graph. Darst., Kt.
Gesamttitel	Verständliche Wissenschaft ; 37
Sprache	ger
Schlagwort	Erdbeben

1705/Sommerfeld Kal 1380

Autor/Hrsg.	Kalle, Kurt
Titel-Stichwort	Der Stoffhaushalt des Meeres
Untertitel	mit 63 Tabellen im Text
Von	von Kurt Kalle
Verl.-Ort	Leipzig
Verlag	Akad. Verl.-Ges. Becker & Erler
Jahr	1943
Umfang	XI, 263 S.
Ill.	Ill., graph. Darst., Kt.
Gesamttitel	Probleme der kosmischen Physik ; 23
Sprache	ger

1705/Sommerfeld Kal 980

Autor/Hrsg.	Kallmann, Hartmut
Titel-Stichwort	Einführung in die Kernphysik
Von	von H. Kallmann
Verl.-Ort	Leipzig [u.a.]
Verlag	Deuticke
Jahr	1938
Umfang	VI, 216 S. : Ill., graph. Darst.
Schlagwort	Kernphysik

1705/Sommerfeld Kan 230

Autor/Hrsg.	Kant, Immanuel
Titel-Stichwort	Immanuel Kant's Grundlegung zur Metaphysik der Sitten
Hrsg./Bearb.	Kirchmann, Julius H. von
Von	hrsg. und erl. von J. H. v. Kirchmann
Verl.-Ort	Berlin
Verlag	Heimann
Jahr	1870
Umfang	95 S.
Gesamttitel	Philosophische Bibliothek oder Sammlung der Hauptwerke der Philosophie alter und neuer Zeit ; 28
Sprache	ger

1705/Sommerfeld Kan 231

Autor/Hrsg.	Kant, Immanuel
Titel-Stichwort	Immanuel Kant's Logik
Hrsg./Bearb.	Jäsche, Gottlob Benjamin
Hrsg./Bearb.	Kirchmann, Julius H. von
Untertitel	ein Handbuch zu Vorlesungen
Von	hrsg. von Gottlob Benjamin Jäsche. Erl. von J. H. von Kirchmann
Ausgabe	2. Aufl.
Verl.-Ort	Leipzig
Verlag	Koschny
Jahr	1876
Umfang	164 S.
Gesamttitel	Philosophische Bibliothek oder Sammlung der Hauptwerke der Philosophie alter und neuer Zeit ; 23
Sprache	ger

1705/Sommerfeld Kay 223

Band	[2]: Abschnitt 7
Titel-Stichwort	[Die Spectren von Zinn, Blei, Arsen, Antimon, Wismuth]
Jahr	1893
Umfang	20 S., 1 Bl.

1705/Sommerfeld Kay 224

Autor/Hrsg.	Kayser, Heinrich
Titel-Stichwort	Tabelle der Schwingungszahlen der auf das Vakuum reduzierten Wellenlängen zwischen Lambda 2000 A und Lambda 10000 A
Von	von Heinrich Kayser
Verl.-Ort	Leipzig
Verlag	Hirzel
Jahr	1925
Umfang	V, 106 S.
Sprache	ger

1705/Sommerfeld Kay 235

Band	7,1
Autor/Hrsg.	Kayser, Heinrich

Titel-Stichwort	Handbuch der Spectroscopie/7,1
Jahr	(1924)
Umfang	498, X S.

1705/Sommerfeld Kay 242

Band	[1]: Abschnitt 4
Titel-Stichwort	[Über die Linienspectren der Elemente der zweiten Mendelejeff'schen Gruppe]
Jahr	1891
Umfang	72 S., 2 Bl.

1705/Sommerfeld Kay 674

Autor/Hrsg.	Kayser, Heinrich
Titel-Stichwort	Tabelle der Schwingungszahlen der auf das Vakuum reduzierten Wellenlängen zwischen Lambda 2000 A und Lambda 10000 A
Von	von Heinrich Kayser
Verl.-Ort	Leipzig
Verlag	Hirzel
Jahr	1925
Umfang	V, 106 S.
Sprache	ger

1705/Sommerfeld Kay 698

Autor/Hrsg.	Kayser, Heinrich
Titel-Stichwort	Tabelle der Hauptlinien der Linienspektra aller Elemente nach Wellenlängen geordnet
Von	von H. Kayser
Verl.-Ort	Berlin
Verlag	Springer
Jahr	1926
Umfang	VI, 198 S.
Schlagwort	Atomspektrum / Tabelle

1705/Sommerfeld Kel 371

Band	4
Titel-Stichwort	Hydrodynamics and general dynamics
Jahr	1910

Umfang	XV, 563 S. : graph. Darst.

1705/Sommerfeld Kel 374
Band	5
Titel-Stichwort	Thermodynamics, cosmical and geological physics, molecular and crystalline theory, electrodynamics
Von	by William Thomson, Baron Kelvin. Arranged and rev. with brief annot. by Joseph Larmor
Jahr	1911
Umfang	XV, 602 S. : Ill., graph. Darst.

1705/Sommerfeld Kel 379
Band	6
Titel-Stichwort	Voltaic theory, radioactivity, electrions, navigation and tides, miscellaneous
Von	by William Thomson, Baron Kelvin. Arranged and rev. with brief annot. by Joseph Larmor
Jahr	1911
Umfang	VIII, 378 S. : Ill., graph. Darst.

1705/Sommerfeld Kel 380
Autor/Hrsg.	Kelvin, William Thomson
Titel-Stichwort	Baltimore lectures on molecular dynamics and the wave theory of light
Untertitel	founded on Mr. A. S. Hathaway's stenographic report of 20 lectures delivered in Johns Hopkins Univ., Baltimore, in Oct. 1884 ; followed by 12 appendices on allied subjects
Von	by Lord Kelvin [William Thomson]
Verl.-Ort	London
Verlag	Clay
Jahr	1904
Umfang	XXI, 694 S.

1705/Sommerfeld Kel 558(1
Band	1
Autor/Hrsg.	Kelvin, William Thomson
Titel-Stichwort	Treatise on natural philosophy/1
Ausgabe	Stereot. ed.

Jahr	1896
Umfang	XVII, 508 S.

1705/Sommerfeld Kel 558(2

Band	2,[2]
Autor/Hrsg.	Kelvin, William Thomson
Titel-Stichwort	Treatise on natural philosophy/2,[2]
Ausgabe	New ed.
Jahr	1895
Umfang	XXV, 527 S.
Ill.	Ill.

1705/Sommerfeld Ket 108

Autor/Hrsg.	Ketteler, Eduard
Titel-Stichwort	Theoretische Optik
Untertitel	Gegründet auf das Bessel-Sellmeier'sche Princip. Zugleich mit experimentellen Belegen. Mit 44 Holzstichen und 4 lithographirten Tafeln
Von	von E. Ketteler
Verl.-Ort	Braunschweig
Verlag	Vieweg
Jahr	1885
Umfang	XII, 652 S.
Ill.	Ill.
Sprache	ger

1705/Sommerfeld Kir 1109

Autor/Hrsg.	Kirchberger, Paul
Titel-Stichwort	Die Entwicklung der Atomtheorie
Untertitel	gemeinverständlich dargestellt
Von	von Paul Kirchberger
Ausgabe	2., verm. und verb. Aufl.
Verl.-Ort	Karlsruhe
Verlag	Müller
Jahr	1929
Umfang	XII, 294 S. : Ill.
Sprache	ger

1705/Sommerfeld Kir 119

Band 2.

Titel-Stichwort Nachtrag

Jahr 1891

Umfang 137 S.

Ill. Ill.

Sprache ger

1705/Sommerfeld Kir 2244

Autor/Hrsg. Kirchhoff, Gustav Robert

Titel-Stichwort Abhandlungen über Emission und Absorption

Von von G. Kirchhoff

Verl.-Ort Leipzig

Verlag Engelmann

Jahr 1898

Umfang 41 S.

Ill. Ill., graph. Darst.

Gesamttitel Ostwalds Klassiker der exakten Wissenschaften ; 100

Fussnote Enth. u.a.: Über die Fraunhoferschen Linien. Über den Zusammenhang zwischen Emission und Absorption von Licht und Wärme

Sprache ger

Schlagwort Spektralanalyse / Geschichte 1860 / Quelle

Schlagwort2 Kirchhoffsches Strahlungsgesetz / Geschichte 1859-1862 / Quelle

1705/Sommerfeld Kir 236/2

Band 2

Gesamttitel ... ; 45

Titel-Stichwort Quantentheorie

Jahr 1923

Umfang 52 S. : Ill., graph. Darst.

1705/Sommerfeld Kir 238

Band [1]

Titel-Stichwort Mechanik

Ausgabe 3. Aufl.

Jahr 1883

Umfang	VIII, 465 S.

1705/Sommerfeld Kir 239

Band	2
Titel-Stichwort	Vorlesungen über mathematische Optik
Von	hrsg. von Kurt Hensel
Jahr	1891
Umfang	VIII, 272 S. : Ill.

1705/Sommerfeld Kir 240

Band	3
Titel-Stichwort	Vorlesungen über Electricität und Magnetismus
Hrsg./Bearb.	Kirchhoff, Gustav Robert
Von	Hrsg. von Gustav Kirchhoff
Jahr	1891
Umfang	X, 228 S.
Ill.	Ill.
Sprache	ger

1705/Sommerfeld Kir 243

Autor/Hrsg.	Kirsch, Gerhard
Titel-Stichwort	Geologie und Radioaktivität
Untertitel	die radioaktiven Vorgänge als geologische Uhren und geophysikalische Energiequellen
Von	von Gerhard Kirsch
Verl.-Ort	Wien [u.a.]
Verlag	Springer
Jahr	1928
Umfang	VI, 214 S. : Ill., graph. Darst.
Sprache	ger

1705/Sommerfeld Kle 110

Autor/Hrsg.	Klein, Felix
Titel-Stichwort	Vorlesungen über das Ikosaeder und die Auflösung der Gleichungen vom fünften Grade
Von	von Felix Klein

Verl.-Ort	Leipzig
Verlag	Teubner
Jahr	1884
Umfang	VIII, 260 S., [1] Faltbl. : graph. Darst.
Sprache	ger
Schlagwort	Ikosaeder
Schlagwort2	Gleichung / Grad 5

1705/Sommerfeld Kle 16

Band	1
Titel-Stichwort	Die kinematischen und kinetischen Grundlagen der Theorie
Jahr	1897
Umfang	196 S.
Ill.	Ill., graph. Darst.
Sprache	ger

1705/Sommerfeld Kle 17

Band	2
Titel-Stichwort	Durchführung der Theorie im Falle des schweren symmetrischen Kreisels
Jahr	1898
Umfang	S. 198 - 512
Ill.	graph. Darst.
Sprache	ger

1705/Sommerfeld Kle 18

Band	4
Titel-Stichwort	Die technischen Anwendungen der Kreiseltheorie
Jahr	1910
Umfang	VIII S., S. 762 - 966
Ill.	Ill., graph. Darst.
Sprache	ger

1705/Sommerfeld Kle 20

Band	1
Titel-Stichwort	Die kinematischen und kinetischen Grundlagen der Theorie
Ausgabe	3. unveränd. Aufl.

Jahr	1923
Umfang	VIII, 196 S. : graph. Darst.

1705/Sommerfeld Kle 2309

Band	I.
Titel-Stichwort	Vorlesung [...] gehalten während des Sommersemesters 1891/92
Ausgabe	2. Abdruck
Jahr	1894
Umfang	301 S.
Ill.	Ill.
Sprache	ger

1705/Sommerfeld Kle 244

Band	1
Titel-Stichwort	Liniengeometrie. Grundlegung der Geometrie. Zum Erlanger Programm
Jahr	1921
Umfang	XII, 612 S. : Ill., graph. Darst.

1705/Sommerfeld Kle 245

Band	2
Titel-Stichwort	Anschauliche Geometrie. Substitutionsgruppen und Gleichungstheorie. Zur mathematischen Physik
Jahr	1922
Umfang	VI, 713 S. : graph. Darst.
Sprache	ger

1705/Sommerfeld Kle 247

Autor/Hrsg.	Klein, Felix
Titel-Stichwort	Einleitung in die höhere Geometrie
Hrsg./Bearb.	Schilling, Friedrich
Untertitel	Vorlesungen, gehalten im Wintersemester 1892-93 und Sommersemester 1893
Ausgabe	2., unveränd. Abdr.
Verl.-Ort	Leipzig
Verlag	Teubner
Jahr	1907

1705/Sommerfeld Kle 248
Band 2
Titel-Stichwort Vorlesung, gehalten während des Sommersemesters 1890
Ausgabe 2. Abdruck
Jahr 1893
Umfang 238 S.
Sprache ger

1705/Sommerfeld Kle 25
Band 3
Titel-Stichwort Die störenden Einflüsse, astronomische und geophysikalische Anwendungen
Ausgabe 2. verb. anastatisch gedr. Aufl.
Jahr 1923
Umfang S. 514 - 759 : Ill., graph. Darst.
Sprache ger

1705/Sommerfeld Kle 251
Autor/Hrsg. Klein, Felix
Titel-Stichwort Ueber die hypergeometrische Function
Hrsg./Bearb. Ritter, Ernst
Untertitel Vorlesung, gehalten im WS 1893-94
Von von F. Klein. Ausgearb. von E. Ritter
Verl.-Ort Göttingen
Jahr 1894
Umfang 571 S.
Ill. graph. Darst.
Fussnote Vervielfältigtes Ms.

1705/Sommerfeld Kle 252
Autor/Hrsg. Klein, Felix
Titel-Stichwort Anwendung der Differential- und Integralrechnung auf Geometrie
Hrsg./Bearb. Müller, Konrad
Untertitel eine Revision der Principien ; Vorlesung, gehalten während des Sommersemesters 1901
Von [ausgearb. von Conrad H. Müller]
Verl.-Ort Leipzig

Verlag	Teubner
Jahr	1902
Umfang	468 S.

1705/Sommerfeld Kle 253

Autor/Hrsg.	Klein, Felix
Titel-Stichwort	Ueber lineare Differentialgleichungen der zweiten Ordnung
Hrsg./Bearb.	Ritter, Ernst
Untertitel	Vorlesung, gehalten im Sommersemester 1894
Von	von F. Klein. Ausgearb. von E. Ritter
Verl.-Ort	Göttingen
Jahr	1894
Umfang	524 S.
Ill.	graph. Darst.
Fussnote	Vervielfältigtes Ms.

1705/Sommerfeld Kle 255

Autor/Hrsg.	
Titel-Stichwort	Vorträge über ausgewählte Fragen der Elementargeometrie : eine Festschrift zu der Pfingsten 1895 in Göttingen stattfindenden dritten Versammlung des Vereins zur Förderung des mathematischen und naturwissenschaftlichen Unterrichts
Hrsg./Bearb.	
Verl.-Ort	Leipzig
Verlag	Teubner
Jahr	1895

1705/Sommerfeld Kle 256

Band	1
Titel-Stichwort	Vorlesung, gehalten im Wintersemester 1895/96
Hrsg./Bearb.	Sommerfeld, Arnold
Von	ausgearb. von A. Sommerfeld
Jahr	1896
Umfang	391 S.
Ill.	graph. Darst.

1705/Sommerfeld Kle 257

Autor/Hrsg.	Klein, Felix
Titel-Stichwort	The mathematical theory of the top
Untertitel	lectures delivered on the occasion of the sesquicentennial celebration of Princeton University
Von	by Felix Klein
Verl.-Ort	New York
Verlag	Scribner
Jahr	1897
Umfang	74 S.
Ill.	graph. Darst.
Gesamttitel	Princeton lectures

1705/Sommerfeld Kle 258/2

Band	2
Titel-Stichwort	Fortbildung und Anwendung der Theorie
Jahr	1892
Umfang	XV, 712 S.

1705/Sommerfeld Kle 278

Autor/Hrsg.	Klemm, Friedrich
Titel-Stichwort	Die Geschichte der Emissionstheorie des Lichts
Von	von Friedrich Klemm
Verl.-Ort	Weimar
Verlag	Borkmann
Jahr	1932
Umfang	96 S.
Ill.	graph. Darst., Portr.
Fussnote	Literaturverz. S. 81 - 96
Format	23 cm
Sprache	ger
Schlagwort	Lichtemission / Theorie / Geschichte

1705/Sommerfeld Kle 581

Band	5
Titel-Stichwort	Die Invariantentheorie allgemeiner kontinuierlicher Transformationsgruppen

Untertitel	mit Anwendungen auf Mechanik und Physik ; Goettingen von Ostern 1917 bis Ostern 1918
Jahr	[1918]
Umfang	III, 102 Bl.
Fussnote	Für andere Bibliotheken nicht zu benutzen!
Sprache	ger

1705/Sommerfeld Klo 565

Autor/Hrsg.	Klockmann, Friedrich
Titel-Stichwort	Lehrbuch der Mineralogie
Von	bearb. von F. Klockmann
Ausgabe	5. u. 6., verb. u. verm. Aufl.
Verl.-Ort	Stuttgart
Verlag	Enke
Jahr	1912
Umfang	XI, 628 S. : Ill., graph. Darst.
Begleitmaterial	1 Begleith. : 41 S.
Sprache	ger
Schlagwort	Mineralogie

1705/Sommerfeld Kne 264

Autor/Hrsg.	Kneser, Adolf
Titel-Stichwort	Die Integralgleichungen
Untertitel	und ihre Anwendungen in der mathematischen Physik ; Vorlesungen
Ausgabe	2. umgearb. Aufl.
Verl.-Ort	Braunschweig
Verlag	Vieweg
Jahr	1922
Lokale Notation	LB

1705/Sommerfeld Kne 461

Autor/Hrsg.	Kneser, Adolf
Titel-Stichwort	Die Integralgleichungen
Untertitel	und ihre Anwendungen in der mathematischen Physik ; Vorlesungen an der Universität zu Breslau
Verl.-Ort	Braunschweig

Verlag	Vieweg
Jahr	1911

1705/Sommerfeld Kne 691

Autor/Hrsg.	Kneser, Adolf
Titel-Stichwort	Die Integralgleichungen
Untertitel	und ihre Anwendungen in der mathematischen Physik ; Vorlesungen
Ausgabe	2. umgearb. Aufl.
Verl.-Ort	Braunschweig
Verlag	Vieweg
Jahr	1922
Lokale Notation	LB

1705/Sommerfeld Kni 2315

Autor/Hrsg.	Knie, Guillermo
Titel-Stichwort	Algebra del spin
Von	por Guillermo Knie
Verl.-Ort	Buenos Aires
Verlag	Palumbo
Jahr	1943
Umfang	54 S.
Gesamttitel	Monografias fisico-matematicas ; 1
Sprache	spa

1705/Sommerfeld Kni 2316

Autor/Hrsg.	Knie, Guillermo
Titel-Stichwort	Problemas de mecanica atomica
Von	por Guillermo Knie
Verl.-Ort	Buenos Aires
Verlag	Palumbo
Jahr	1945
Umfang	57 S.
Gesamttitel	Monografias fisico-matematicas ; 2
Sprache	spa

1705/Sommerfeld Kno 1045

Autor/Hrsg.	Knoblauch, Oscar
Autor/Hrsg.	Koch, Werner
Titel-Stichwort	Technisch-physikalisches Praktikum
Untertitel	Ausgewählte Untersuchungsmethoden der technischen Physik . Mit 104 Textabb.
Von	O. Knoblauch ; W. Koch
Verl.-Ort	Berlin
Verlag	Springer
Jahr	1934
Umfang	IV, 167 S.
Schlagwort	Physik / Praktikum

1705/Sommerfeld Koe 1032/1

Band	1
Autor/Hrsg.	Koenigsberger, Leo
Titel-Stichwort	Hermann von Helmholtz/1
Jahr	(1902)
Umfang	XI, 375 S., [2] Bl.
Ill.	Titelportr., Portr.
Sprache	ger

1705/Sommerfeld Koe 1032/2

Band	2
Autor/Hrsg.	Koenigsberger, Leo
Titel-Stichwort	Hermann von Helmholtz/2
Jahr	(1903)
Umfang	XIV, 383 S., [1] Bl.
Ill.	Titelportr., Portr.
Sprache	ger

1705/Sommerfeld Koe 1032/3

Band	3
Autor/Hrsg.	Koenigsberger, Leo
Titel-Stichwort	Hermann von Helmholtz/3
Jahr	(1903)
Umfang	IX, 142 S., [5] Bl.

Ill.	Titelportr., Portr., Faks.
Sprache	ger

1705/Sommerfeld Koe 112

Autor/Hrsg.	Koenigsberger, Leo
Titel-Stichwort	Vorlesungen ueber die Theorie der hyperelliptischen Integrale
Von	von Leo Koenigsberger
Verl.-Ort	Leipzig
Verlag	Teubner
Jahr	1878
Umfang	VI, 170 S.

1705/Sommerfeld Koe 207

Autor/Hrsg.	Koenigsberger, Leo
Titel-Stichwort	Carl Gustav Jacob Jacobi
gefeierte Pers.	Jacobi, Carl Gustav Jacob
Untertitel	Festschrift zur Feier der 100. Wiederkehr seines Geburtstages
Von	von Leo Koenigsberger
Verl.-Ort	Leipzig
Verlag	Teubner
Jahr	1904
Umfang	XVIII, 554 S.
Schlagwort	Jacobi, Carl Gustav Jacob

1705/Sommerfeld Koe 212

Autor/Hrsg.	Koenigsberger, Leo
Titel-Stichwort	Carl Gustav Jacob Jacobi
Untertitel	Rede zu der von dem Internationalen Mathematiker-Kongress in Heidelberg veranstalteten Feier der hundertsten Wiederkehr seines Geburtstages, gehalten am 9. August 1904
Von	von Leo Koenigsberger
Verl.-Ort	Leipzig
Verlag	Teubner
Jahr	1904
Umfang	40 S.
Ill.	Ill.

Sprache	ger

1705/Sommerfeld Koe 265

Autor/Hrsg.	Koenigsberger, Leo
Titel-Stichwort	Die Principien der Mechanik
Untertitel	mathematische Untersuchungen
Verl.-Ort	Leipzig
Verlag	Teubner
Jahr	1901
Umfang	XII, 228 S.
Format	25 cm
Sprache	ger
Schlagwort	Theoretische Mechanik

1705/Sommerfeld Koe 280a

Band	1.1876/77
Titel-Stichwort	Repertorium der literarischen Arbeiten aus dem Gebiete der reinen und angewandten Mathematik/1.1876/77

1705/Sommerfeld Koe 280b

Band	2.1878/79
Titel-Stichwort	Repertorium der literarischen Arbeiten aus dem Gebiete der reinen und angewandten Mathematik/2.1878/79

1705/Sommerfeld Kon 2249

Autor/Hrsg.	Konen, Heinrich Matthias
Titel-Stichwort	Physikalische Plaudereien
Untertitel	Gegenwartsprobleme und ihre technische Bedeutung. Mit 111 Abbildungen und einem biographischen Anhang
Von	von Heinrich Konen
Verl.-Ort	Bonn
Verlag	Verl. d. Buchgemeinde
Jahr	1937
Umfang	VIII, 384 S. : Ill., graph. Darst.
Gesamttitel	Buchgemeinde <Bonn>: Belehrende Schriftenreihe der Buchgemeinde ; 13
Sprache	ger

1705/Sommerfeld Kon 495

Autor/Hrsg.	Konen, Heinrich Matthias
Titel-Stichwort	Das Leuchten der Gase und Dämpfe
Untertitel	mit besonderer Berücksichtigung der Gesetzmäßigkeiten in Spektren
Von	von Heinrich Konen
Verl.-Ort	Braunschweig
Verlag	Vieweg
Jahr	1913
Umfang	XIV, 384 S.
Gesamttitel	Die Wissenschaft ; 49
Sprache	ger
Regensbg.Syst.	UR 5000
Regensbg.Syst.	TB 6850
Schlagwort	Gas / Spektrum

1705/Sommerfeld Kop 67

Autor/Hrsg.	Kopff, August
Titel-Stichwort	Grundzüge der Einsteinschen Relativitätstheorie
Von	von August Kopff
Verl.-Ort	Leipzig
Verlag	Hirzel
Jahr	1921
Umfang	VIII, 198 S.
Sprache	ger
Schlagwort	Einstein, Albert / Relativitätstheorie

1705/Sommerfeld Kor 271

Autor/Hrsg.	Korn, Arthur
Titel-Stichwort	Fünf Abhandlungen zur Potentialtheorie
Von	von Arthur Korn
Verl.-Ort	Berlin
Verlag	Dümmler
Jahr	1902
Umfang	XVI, 55, 56 S.
Sprache	ger

1705/Sommerfeld Kor 272(1

Band 1

Titel-Stichwort Die Grundlagen der Hydrodynamik und die Theorie der Gravitation

Jahr 1896

Umfang 117 S.

Sprache ger

1705/Sommerfeld Kos 273

Autor/Hrsg. Kossel, Walther

Titel-Stichwort Valenzkräfte und Röntgenspektren

Untertitel zwei Aufsätze über das Elektronengebäude des Atoms

Von von W. Kossel

Ausgabe 2., verm. Aufl.

Verl.-Ort Berlin

Verlag Springer

Jahr 1924

Umfang 89 S. : graph. Darst.

1705/Sommerfeld Kow 1688

Autor/Hrsg. Kowalewski, Gerhard

Titel-Stichwort Bestand und Wandel

Untertitel meine Lebenserinnerungen ; zugleich ein Beitrag zur neueren Geschichte der Mathematik

Von G. Kowalewski

Verl.-Ort München

Verlag Oldenbourg

Jahr 1950

Umfang 309 S. : Ill.

1705/Sommerfeld Kow 463

Autor/Hrsg. Kowalewski, Gerhard

Titel-Stichwort Die komplexen Veränderlichen und ihre Funktionen

Untertitel Fortsetzung der Grundzüge der Differential- und Integralrechnung, zugleich eine Einführung in die Funktionentheorie

Von von Gerhard Kowalewski

Verl.-Ort Leipzig u.a.

Verlag	Teubner
Jahr	1911
Umfang	455 S. : graph. Darst.
Regensbg.Syst.	SK 700
Schlagwort	Komplexe Variable / Funktion

1705/Sommerfeld Kra 274

Autor/Hrsg.	Krazer, Adolf
Titel-Stichwort	Lehrbuch der Thetafunktionen
Von	von Adolf Krazer
Verl.-Ort	Leipzig
Verlag	Leipzig
Jahr	1903
Umfang	XXIV, 509 S.
Ill.	Ill.
Gesamttitel	B. G. Teubners Sammlung von Lehrbüchern auf dem Gebiete der mathematischen Wissenschaften mit Einschluß ihrer Anwendungen ; 12
Sprache	ger

1705/Sommerfeld Kra 671

Autor/Hrsg.	Kramers, Hendrik A.
Autor/Hrsg.	Holst, Helge
Titel-Stichwort	Das Atom und die Bohrsche Theorie seines Baues
Von	gemeinverständl. dargest. von H. A. Kramers und Helge Holst. Dt. von F. Arndt, Prof. an der Univ. Breslau
Verl.-Ort	Berlin
Verlag	Springer
Jahr	1925
Umfang	VII, 192 S., [1] Faltbl.
Ill.	Titelportr., Ill., graph. Darst.
Fussnote	Aus dem Dän. übers.
Format	22 cm
Sprache	ger
Schlagwort	Atomphysik

1705/Sommerfeld Kri 754

Autor/Hrsg.	Kries, Johannes von
Titel-Stichwort	Die Principien der Wahrscheinlichkeitsrechnung
Untertitel	Eine logische Untersuchung
Ausgabe	2.,m.e.neuen Vorw.versehener Abdr.
Verl.-Ort	Tübingen
Verlag	Mohr
Jahr	1927
Umfang	XXIV,298 S.
Schlagwort	Wahrscheinlichkeitsrechnung

1705/Sommerfeld Kro 275

Band	2, 2
Titel-Stichwort	Vorlesungen über die Theorie der Determinanten; 1. - 21. Vorlesung
Jahr	1903
Umfang	XII, 390 S.

1705/Sommerfeld Krö 276

Autor/Hrsg.	Krönig, Bernhard
Autor/Hrsg.	Friedrich, Walter
Titel-Stichwort	Physikalische und biologische Grundlagen der Strahlentherapie
Von	von Bernhard Krönig und Walter Friedrich
Verl.-Ort	Berlin [u.a.]
Verlag	Urban & Schwarzenberg
Jahr	1918
Umfang	VII, 278 S., XXXI Bl. : Ill., graph. Darst.
Gesamttitel	Strahlentherapie / Sonderband ; 3

1705/Sommerfeld Küs 277

Autor/Hrsg.	Küssner, Hans G.
Titel-Stichwort	Principia physica
Von	von Hans Georg Küssner
Verl.-Ort	Göttingen
Verlag	Vandenhoeck & Ruprecht
Jahr	1946
Umfang	256 S. : graph. Darst.

Regensbg.Syst.	UB 7000
Schlagwort	Theoretische Physik

1705/Sommerfeld Laa 141

Autor/Hrsg.	Laar, J. J. van de
Titel-Stichwort	Die Thermodynamik in der Chemie
Von	von J. J. van Laar
Verl.-Ort	Amsterdam
Verlag	Van Looy [u.a.]
Verl.-Ort	Leipzig
Verlag	Engelmann
Jahr	1893
Umfang	XVI, 196 S.
Ill.	graph. Darst.
Sprache	ger

1705/Sommerfeld Lac 1070

Band	3
Titel-Stichwort	Contenant un traité des différences et des séries
Ausgabe	2. éd., rev. et augm.
Jahr	1819
Umfang	XXIV, 771 S.

1705/Sommerfeld Lac 1071

Band	2
Autor/Hrsg.	Lacroix, Silvestre F.
Titel-Stichwort	Traité du calcul différentiel et du calcul intégral/2
Ausgabe	2. éd., rev. et augm.
Jahr	1814
Umfang	XXI, 816 S.

1705/Sommerfeld Lac 1072

Band	1
Autor/Hrsg.	Lacroix, Silvestre F.
Titel-Stichwort	Traité du calcul différentiel et du calcul intégral/1
Ausgabe	2. éd., rev. et augm.

Jahr	1810
Umfang	LVI, 652 S.

1705/Sommerfeld Lad 1067

Autor/Hrsg.	Ladenburg, Rudolf
Titel-Stichwort	Plancks elementares Wirkungsquantum und die Methoden zu seiner Messung
Untertitel	mit 12 Abbildungen
Von	von Rudolf Ladenburg
Verl.-Ort	Leipzig
Verlag	Hirzel
Jahr	1921
Umfang	62 S.
Ill.	Ill.
Fussnote	Aus: Jahrbuch der Radioaktivität und Elektronik
Sprache	ger

1705/Sommerfeld Lag 2247

Autor/Hrsg.	Lagrange, Joseph Louis de
Titel-Stichwort	Joseph Louis Lagrange's Zusätze zu Eulers Elementen der Algebra
Untertitel	unbestimmte Analysis
Verl.-Ort	Leipzig
Verlag	Engelmann
Jahr	1898
Umfang	170 S.
Gesamttitel	Ostwald's Klassiker der exakten Wissenschaften. ; 103
Fussnote	Aus d. Franz. übers.

1705/Sommerfeld Lag 2416

Titel-Stichwort	Zwei Abhandlungen zur Theorie der partiellen Differentialgleichungen erster Ordnung
Hrsg./Bearb.	Lagrange, Joseph Louis de
Hrsg./Bearb.	Cauchy, Augustin Louis
Hrsg./Bearb.	Kowalewski, Gerhard
Von	von Lagrange und Cauchy. Aus dem Franz. übers. und hrsg. von Gerhard Kowalewski
Verl.-Ort	Leipzig

Verlag	Engelmann
Jahr	1900
Umfang	54 S.
Gesamttitel	Ostwalds Klassiker der exakten Wissenschaften ; 113
Schlagwort	Partielle Differentialgleichung

1705/Sommerfeld Lag 290

Titel-Stichwort	Ueber Kartenprojection
Hrsg./Bearb.	Lagrange, Joseph Louis de
Hrsg./Bearb.	Gauß, Carl Friedrich
Hrsg./Bearb.	Wangerin, Albert
Untertitel	Abhandlungen von Lagrange und Gauss
Von	Hrsg. von A. Wangerin
Verl.-Ort	Leipzig
Verlag	Engelmann
Jahr	1894
Umfang	102 S. : graph. Darst.
Gesamttitel	Ostwalds Klassiker der exakten Wissenschaften ; 55
Fussnote	Enth.: Ueber die Construction geographischer Karten / Joseph L. Lagrange [EST: Sur la construction des cartes géographiques <dt.>]. Allgemeine Auflösung der Aufgabe: die Theile einer gegebnen Fläche auf einer andern gegebnen Fläche so abzubilden, daß die Abbildung dem Abgebildeten in den kleinsten Theilen ähnlich wird / Carl F. Gauss
Sprache	ger

1705/Sommerfeld Lam 10

Band	3
Gesamttitel	... ; 33
Titel-Stichwort	Theil VI und VII
Jahr	1892
Umfang	172 S. : graph. Darst.

1705/Sommerfeld Lam 1056

Autor/Hrsg.	Lamont, Johann von
Titel-Stichwort	Astronomie und Erdmagnetismus
Von	von Lamont

Verl.-Ort	Stuttgart
Verlag	Franckh
Jahr	1851
Umfang	VIII, 289 S., [5] gef. Bl. : graph. Darst.
Fussnote	Sonderabdr. aus: Neue Encyklopädie für Wissenschaften und Künste
Schlagwort	Astronomie / Erdmagnetismus

1705/Sommerfeld Lam 123

Autor/Hrsg.	Lamb, Horace
Titel-Stichwort	A treatise on the mathematical theory of the motion of fluids
Von	Lamb
Verl.-Ort	Cambridge
Verlag	Cambridge Univ. Pr.
Jahr	1879
Umfang	X, 258, [2], 24 S.

1705/Sommerfeld Lam 1265

Autor/Hrsg.	Lambert, Johann Heinrich
Titel-Stichwort	Schriften zur Perspektive
Hrsg./Bearb.	Steck, Max
Von	Johann Heinrich Lambert. Hrsg. und eingel. von Max Steck
Verl.-Ort	Berlin
Verlag	Lüttke
Jahr	1943
Umfang	XIII, 496 S., XXI Bl.
Ill.	Ill., graph. Darst.
Format	30 cm
Sprache	ger
Schlagwort	Perspektive / Mathematik
Schlagwort2	Perspektive / Aufsatzsammlung

1705/Sommerfeld Lam 154

Autor/Hrsg.	Lambert, Johann Heinrich
Titel-Stichwort	Anmerkungen und Zusätze zur Entwerfung der Land- und Himmelscharten
Hrsg./Bearb.	Wangerin, Albert
Von	von J. H. Lambert. Hrsg. von A. Wangerin

Verl.-Ort	Leipzig
Verlag	Engelmann
Jahr	1894
Umfang	95 S.
Gesamttitel	Ostwalds Klassiker der exakten Wissenschaften ; 54

1705/Sommerfeld Lam 2681

Autor/Hrsg.	Lambert, Johann Heinrich
Titel-Stichwort	J. H. Lambert's Abhandlungen zur Bahnbestimmung der Cometen
Hrsg./Bearb.	Bauschinger, Julius
Untertitel	Insigniores orbitae cometarum proprietates (1761) ; Observations sur l'orbite apparente des comètes (1771) ; Auszüge aus den "Beiträgen zum Gebrauche der Mathematik" (1772)
Von	dt. hrsg. und mit Anm. vers. von J. Bauschinger
Verl.-Ort	Leipzig
Verlag	Engelmann
Jahr	1902
Umfang	148 S. : graph. Darst.
Gesamttitel	Ostwalds Klassiker der exakten Wissenschaften ; 133
Sprache	ger

1705/Sommerfeld Lam 296

Autor/Hrsg.	Lambert, Johann Heinrich
Titel-Stichwort	Anmerkungen und Zusätze zur Entwerfung der Land- und Himmelscharten
Hrsg./Bearb.	Wangerin, Albert
Von	von J. H. Lambert. Hrsg. von A. Wangerin
Verl.-Ort	Leipzig
Verlag	Engelmann
Jahr	1894
Umfang	95 S.
Gesamttitel	Ostwalds Klassiker der exakten Wissenschaften ; 54

1705/Sommerfeld Lam 375

Autor/Hrsg.	Lamb, Horace
Titel-Stichwort	Lehrbuch der Hydrodynamik
Von	Horace Lamb

Ausgabe	Dt. autoris. Ausg. (nach der 3. engl. Aufl.) / besorgt von Johannes Friedel
Verl.-Ort	Leipzig [u.a.]
Verlag	Teubner
Jahr	1907
Umfang	XIV, 787 S. : graph. Darst.
Gesamttitel	B. G. Teubners Sammlung von Lehrbüchern auf dem Gebiete der mathematischen Wissenschaften mit Einschluß ihrer Anwendungen ; 26
Schlagwort	Hydrodynamik

1705/Sommerfeld Lam 638

Autor/Hrsg.	Lamb, Horace
Titel-Stichwort	Hydrodynamics
Von	by Horace Lamb
Ausgabe	4. ed.
Verl.-Ort	Cambridge
Verlag	Cambridge Univ. Press
Jahr	1916
Umfang	XVI, 708 S.
Sprache	eng

1705/Sommerfeld Lan 1066

Autor/Hrsg.	Langevin, M. P.
Titel-Stichwort	Recherches sur les gaz ionisés
Untertitel	thèses présentées à la Faculté des Sciences de l'Université de Paris pour obtenir le grade de Docteur ès Sciences Physiques
Von	par M. P. Langevin
Verl.-Ort	Paris
Verlag	Gauthier-Villars
Jahr	1902
Umfang	207 S.
Fussnote	Paris, Univ., Diss., 1902
Sprache	fre

1705/Sommerfeld Lan 1068

Autor/Hrsg.	Landé, Alfred
Titel-Stichwort	Die neuere Entwicklung der Quantentheorie

Von	von A. Landé
Ausgabe	2. völlig umgearb. Aufl.
Verl.-Ort	Dresden [u.a.]
Verlag	Steinkopff
Jahr	1926
Umfang	XI, 180 S. : graph. Darst.
Gesamttitel	[Wissenschaftliche Forschungsberichte / Naturwissenschaftliche Reihe] ; 5
Sprache	ger
Schlagwort	Quantentheorie

1705/Sommerfeld Lan 631

Autor/Hrsg.	Landé, Alfred
Titel-Stichwort	Fortschritte der Quantentheorie
Von	bearb. von A. Landé
Verl.-Ort	Dresden [u.a.]
Verlag	Steinkopff
Jahr	1922
Umfang	XI, 91 S.
Gesamttitel	Wissenschaftliche Forschungsberichte / Naturwissenschaftliche Reihe ; 5

1705/Sommerfeld Lan 692

Autor/Hrsg.	Landé, Alfred
Titel-Stichwort	Die neuere Entwicklung der Quantentheorie
Von	von A. Landé
Ausgabe	2. völlig umgearb. Aufl.
Verl.-Ort	Dresden [u.a.]
Verlag	Steinkopff
Jahr	1926
Umfang	XI, 180 S. : graph. Darst.
Gesamttitel	[Wissenschaftliche Forschungsberichte / Naturwissenschaftliche Reihe] ; 5
Sprache	ger
Schlagwort	Quantentheorie

1705/Sommerfeld Lar 1060

Autor/Hrsg.	Larmor, Joseph
Titel-Stichwort	Mathematical and physical papers

Untertitel	[42 Sonderdrucke und Kleinschriften aus den Jahren 1883 - 1898]
Von	[J. Larmor]
Verl.-Ort	[S.l.]
Umfang	Getr. Zählung
Fussnote	Fingierter Titel. - Für andere Bibliotheken nicht zu benutzen!
Sprache	eng

1705/Sommerfeld Lar 1062

Autor/Hrsg.	Larmor, Joseph
Titel-Stichwort	Aether and matter
Untertitel	a development of the dynamical relations of the aether to material systems on the basis of the atomic constitution of matter ; including a discussion of the influence of the earth's motion on optical phenomena
Von	by Joseph Larmor
Verl.-Ort	Cambridge
Verlag	Univ. Pr.
Jahr	1900
Umfang	XXVIII, 365 S. : graph. Darst.
Sprache	eng

1705/Sommerfeld Lar 70

Autor/Hrsg.	Maxwell, James Clerk
Titel-Stichwort	Origins of Clerk Maxwell's electric ideas as described in familiar Letters to William Thomson
Hrsg./Bearb.	Larmor, Joseph, Sir
Verl.-Ort	Cambridge
Verlag	Univ. Pr.
Jahr	1937
Umfang	56 S. 4"
Fussnote	Aus: Proceedings of the Cambridge Philosophical Society ; 32,5

1705/Sommerfeld Lar 72

Autor/Hrsg.	Larmor, Joseph
Titel-Stichwort	A dynamical theory of the electric and luminiferous medium
Von	by Joseph Larmor
Verl.-Ort	London

Verlag	Royal Soc.
Jahr	1894
Umfang	S. 719 - 300
Fussnote	Aus : Philosophical transactions of the Royal Society / Series A, Mathematical, physical and engineering sciences ; 185
Sprache	eng

1705/Sommerfeld Lau 125

Autor/Hrsg.	Laurent, Hermann
Titel-Stichwort	Théorie élémentaire des fonctions elliptiques
Von	par H. Laurent
Verl.-Ort	Paris
Verlag	Gauthier-Villars
Jahr	1880
Umfang	184 S.
Fussnote	Aus: Nouvelle Annales de Mathématiques, 2. série ; 16 (1877) - 17 (1879)
Sprache	fre

1705/Sommerfeld Lau 284

Titel-Stichwort	Die Interferenz der Röntgenstrahlen
Hrsg./Bearb.	Laue, Max von
Hrsg./Bearb.	Rinne, Friedrich
Von	von M. v. Laue und seinen Mitarb. ... Hrsg. von F. Rinne
Verl.-Ort	Leipzig
Verlag	Akad. Verl.-Ges.
Jahr	1923
Umfang	111, 4 S. : Ill., graph. Darst.
Gesamttitel	Ostwalds Klassiker der exakten Wissenschaften ; 204
Sprache	ger
Schlagwort	Elektronenbeugung
Schlagwort2	Röntgenbeugung

1705/Sommerfeld Lau 466a

Autor/Hrsg.	Laue, Max von
Titel-Stichwort	Die Interferenzerscheinungen an Röntgenstrahlen, hervorgerufen durch das Raumgitter der Kristalle

SBKAnsetz	Conseil de Physique Solvay <2, 1913, Bruxelles>
Von	von M. v. Laue
Verl.-Ort	Bruxelles
Verlag	Hayez
Jahr	1913
Umfang	33 S.
Ill.	graph. Darst.
Sprache	ger

1705/Sommerfeld Lav 410

Autor/Hrsg.	Lavoisier, Antoine Laurent
Autor/Hrsg.	Laplace, Pierre Simon de
Titel-Stichwort	Zwei Abhandlungen über die Wärme
Hrsg./Bearb.	Rosenthal, Isidor
Untertitel	aus den Jahren 1780 und 1784
Von	von A. L. Lavoisier und P. S. de LaPlace
Verl.-Ort	Leipzig
Verlag	Engelmann
Jahr	1892
Umfang	74 S.
Ill.	Ill.
Gesamttitel	Ostwalds Klassiker der exakten Wissenschaften ; 40

1705/Sommerfeld Leb 295

Autor/Hrsg.	Le Blanc, Max
Titel-Stichwort	Lehrbuch der Elektrochemie
Von	von Max Le Blanc
Verl.-Ort	Leipzig
Verlag	Leiner
Jahr	1896
Umfang	VIII, 226 S. : Ill., graph. Darst.
Schlagwort	Elektrochemie

1705/Sommerfeld Leb 410

Autor/Hrsg.	Lebedev, Petr Nikolaevič
Titel-Stichwort	Die Druckkräfte des Lichtes

Untertitel	zwei Abhandlungen
Von	von Peter Lebedew
Verl.-Ort	Leipzig
Verlag	Engelmann
Jahr	1913
Umfang	58 S.
Ill.	Ill.
Gesamttitel	Ostwald's Klassiker der exakten Wissenschaften ; 188.
Fussnote	Aus: Annalen der Physik. Bd. 6, 1901 und Bd. 31, 1910
Sprache	ger

1705/Sommerfeld Lec 1039

Autor/Hrsg.	Lecher, Ernst
Titel-Stichwort	Lehrbuch der Physik für Mediziner, Biologen und Psychologen
Hrsg./Bearb.	Meyer, Stefan
Von	von E. Lecher. Bearb. von Stefan Meyer ...
Ausgabe	5. Aufl.
Verl.-Ort	Leipzig [u.a.]
Verlag	Teubner
Jahr	1928
Umfang	IX, 469 S. : zahlr. Ill., graph. Darst.
Sprache	ger

1705/Sommerfeld Leh 459

Autor/Hrsg.	Lehmann, Otto
Titel-Stichwort	Das Kristallisationsmikroskop und die damit gemachten Entdeckungen, insbesonderee die der flüssigen Kristalle
Von	von O. Lehmann
Verl.-Ort	Braunschweig
Verlag	Vieweg
Jahr	1910
Umfang	IV, 112 S., [1] Faltbl. : Ill.
Fussnote	NT: Festschrift zur Feier des dreiundfünfzigsten Geburtstages Sr. Königlichen Hoheit des Grossherzogs Friedrich II / hrsg. von der Grossherzoglichen Technischen Hochschule Fridericiana
Sprache	ger

1705/Sommerfeld Lej 130a

Autor/Hrsg.	Lejeune Dirichlet, Peter Gustav
Titel-Stichwort	Vorlesungen über die im umgekehrten Verhältniss des Quadrats der Entfernung wirkenden Kräfte
Von	von P. G. Lejeune-Dirichlet. Hrsg. von F. Grube
Verl.-Ort	Leipzig
Verlag	Teubner
Jahr	1876
Umfang	VIII,183 S. : Ill.

1705/Sommerfeld Lej 130b

Autor/Hrsg.	Lejeune Dirichlet, Peter Gustav
Titel-Stichwort	Vorlesungen über die im umgekehrten Verhältniss des Quadrats der Entfernung wirkenden Kräfte
Hrsg./Bearb.	Grube, F.
Von	von P. G. Lejeune-Dirichlet. Hrsg. von F. Grube
Ausgabe	2. Aufl.
Verl.-Ort	Leipzig
Verlag	Teubner
Jahr	1887
Umfang	VIII, 184 S. : graph. Darst.

1705/Sommerfeld Len 1166

Band	1
Titel-Stichwort	Hydrodynamische und gastheoretische Arbeiten. Molekularkräfte
Jahr	1942
Umfang	XVI, 349 S. : graph. Darst.
Sprache	ger

1705/Sommerfeld Len 613

Autor/Hrsg.	Lenard, Philipp
Titel-Stichwort	Über Kathodenstrahlen
Untertitel	Nobel-Vortrag, gehalten in öffentlicher Sitzung der Königl. Schwedischen Akademie der Wissenschaften zu Stockholm
Von	von P. Lenard
Ausgabe	2., durch viele Zusätze verm. Aufl.

Verl.-Ort	Berlin [u.a.]
Verlag	de Gruyter
Jahr	1920
Umfang	120 S.
Ill.	graph. Darst.
Format	24 cm
Sprache	ger

1705/Sommerfeld Len 941/2

Band	2
Titel-Stichwort	Akustik und Wärmelehre
Jahr	1936
Umfang	X, 271 S.
Ill.	graph. Darst.
Sprache	ger

1705/Sommerfeld Len 941/3

Band	3
Titel-Stichwort	Optik, Elektrostatik und Anfänge der Elektrodynamik
Jahr	1937
Umfang	X, 290 S.
Ill.	graph. Darst.
Sprache	ger

1705/Sommerfeld Len 941/4

Band	4
Titel-Stichwort	Magnetismus, Elektrodynamik und Anfänge von Weiterem
Untertitel	mit Register zum Gesamtwerk
Jahr	1937
Umfang	X, 317 S.
Ill.	graph. Darst.
Sprache	ger

1705/Sommerfeld Lep 203

Autor/Hrsg.	Lepsius, Bernhard
Titel-Stichwort	August Wilhelm von Hofmann

Von	von Bernhard Lepsius
Verl.-Ort	Berlin
Druckort	Leipzig
Drucker	Hirschfeld
Jahr	1930
Umfang	21 S.
Ill.	Ill.
Fussnote	Sonderabdr. aus : Bugge, Günther : Das Buch der großen Chemiker, Bd. 11
Sprache	ger

1705/Sommerfeld Lev 1047

Autor/Hrsg.	Levi-Civita, Tullio
Titel-Stichwort	Caratteristiche dei sistemi differenziali e propagazione ondosa
Hrsg./Bearb.	Lampariello, Giovanni
Von	Tullio Levi-Civita. Lezioni raccolte dal G. Lampariello
Verl.-Ort	Bologna
Verlag	Zanichelli
Jahr	1931
Umfang	VII, 108 S.
Sprache	ita
Schlagwort	Differentialsystem / Wellenausbreitung

1705/Sommerfeld Lev 1049

Autor/Hrsg.	Levi-Civita, Tullio
Titel-Stichwort	Lezioni di calcolo differenziale assoluto
Hrsg./Bearb.	Persico, Enrico
Von	Tullio Levi-Civita. Raccolte e comp. dal Enrico Persico
Verl.-Ort	Roma
Verlag	Stock
Jahr	1925
Umfang	314 S.
Schlagwort	Differentialrechnung

1705/Sommerfeld Lew 731

Autor/Hrsg.	Lewis, Gilbert Newton
Titel-Stichwort	Die Valenz und der Bau der Atome und Moleküle

Von	von Gilbert Newton Lewis
Verl.-Ort	Braunschweig
Verlag	Vieweg
Jahr	1927
Umfang	VIII, 200 S.
Gesamttitel	Die Wissenschaft ; 77
Originaltitel	Valence and the structure of atoms and molecules <dt.>

1705/Sommerfeld Lic 1079

Autor/Hrsg.	Lichtenstein, Leon
Titel-Stichwort	Astronomie und Mathematik in ihrer Wechselwirkung
Untertitel	mathematische Probleme in der Theorie der Figur der Himmelskörper
Von	von Leon Lichtenstein
Verl.-Ort	Leipzig
Verlag	Hirzel
Jahr	1923
Umfang	VI, 97 S. : Ill.

1705/Sommerfeld Lie 1051

Autor/Hrsg.	Lie, Sophus
Titel-Stichwort	Vorlesungen über Differentialgleichungen mit bekannten infinitesimalen Transformationen
Hrsg./Bearb.	Scheffers, Georg Wilhelm
Von	Sophus Lie. Bearb. und hrsg. von Georg Scheffers
Verl.-Ort	Leipzig
Verlag	Teubner
Jahr	1891
Umfang	XIV, 568 S. : graph. Darst.
Fussnote	Nachdr. u.d.T.: Lie, Sophus: Differentialgleichungen
Schlagwort	Differentialgleichung

1705/Sommerfeld Lie 1052

Autor/Hrsg.	Lie, Sophus
Titel-Stichwort	Vorlesungen über continuierliche Gruppen mit geometrischen und anderen Anwendungen
Hrsg./Bearb.	Scheffers, Georg Wilhelm

Von	Sophus Lie. Bearb. u. hrsg. von Georg Scheffers
Verl.-Ort	Leipzig
Verlag	Teubner
Jahr	1893
Umfang	XII, 810 S. : graph. Darst.
Sprache	ger

1705/Sommerfeld Lie 1073

Autor/Hrsg.	Liebisch, Theodor
Titel-Stichwort	Geometrische Krystallographie
Von	von Th. Liebisch
Verl.-Ort	Leipzig
Verlag	Engelmann
Jahr	1881
Umfang	XII, 464 S. : graph. Darst.

1705/Sommerfeld Lie 1074

Autor/Hrsg.	Liebisch, Theodor
Titel-Stichwort	Physikalische Krystallographie
Von	von Th. Liebisch
Verl.-Ort	Leipzig
Verlag	Veit
Jahr	1891
Umfang	VIII, 61 S. : Ill., graph. Darst.

1705/Sommerfeld Lie 1075

Autor/Hrsg.	Liebisch, Theodor
Titel-Stichwort	Grundriß der physikalischen Krystallographie
Von	von Theodor Liebisch
Verl.-Ort	Leipzig
Verlag	Veit
Jahr	1896
Umfang	VIII, 506 S.
Ill.	Ill., graph. Darst.
Format	24 cm
Sprache	ger

Schlagwort   Kristallphysik / Einführung

1705/Sommerfeld Lie 1084
Autor/Hrsg.   Bonola, Roberto
Titel-Stichwort   Die nichteuklidische Geometrie
Untertitel   historisch-kritische Darstellung ihrer Entwicklung
Von   Roberto Bonola. Autor. dt. Ausg. besorgt von Heinrich Liebmann
Ausgabe   2. Aufl.
Verl.-Ort   Leipzig
Verlag   Teubner
Jahr   1919
Umfang   V, 207 S. : graph. Darst.
Gesamttitel   Wissenschaft und Hypothese ; 4
Originaltitel   La geometría non-euclídea <dt.>
Sprache   ger
Schlagwort   Nichteuklidische Geometrie

1705/Sommerfeld Lie 1091
Autor/Hrsg.   Liebmann, Heinrich
Titel-Stichwort   Nichteuklidische Geometrie
Von   von Heinrich Liebmann
Ausgabe   2., neubearb. Aufl.
Verl.-Ort   Berlin u.a.
Verlag   Göschen
Jahr   1912
Umfang   VI, 222 S.
Gesamttitel   Sammlung Schubert ; 49
Schlagwort   Nichteuklidische Geometrie

1705/Sommerfeld Lie 1094
Autor/Hrsg.   Lietke, Arthur
Titel-Stichwort   Über die Flächen, für welche eine Krümmungscentrafläche ein Kegel zweiten Grades ist
Von   vorgelegt und am 20. August 1890, Mittags 12 Uhr, nebst den beigefügten Thesen öffentlich vertheidigt von Arthur Lietke
Verl.-Ort   Königsberg

Verlag	Hartungsche Buchdr.
Jahr	[ca. 1890]
Umfang	36 S.
Ill.	Ill.
Fussnote	Königsberg, Univ., Diss., 1890
Sprache	ger

1705/Sommerfeld Lie 1949

Autor/Hrsg.	Liebig, Justus von
Autor/Hrsg.	Kopp, Hermann
Titel-Stichwort	Abhandlung über die Constitution der organischen Säuren
Von	von Justus Liebig. Hrsg. von Hermann Kopp
Verl.-Ort	Leipzig
Verlag	Engelmann
Jahr	1891
Umfang	86 S.
Gesamttitel	Ostwalds Klassiker der exakten Wissenschaften ; 26
Sprache	ger

1705/Sommerfeld Lil 1076

Autor/Hrsg.	Lilienthal, Reinhold von
Titel-Stichwort	Grundlagen einer Krümmungslehre der Curvenscharen
Von	von R. von Lilienthal
Verl.-Ort	Leipzig
Verlag	Teubner
Jahr	1896
Umfang	VII, 114 S.

1705/Sommerfeld Lin 1095

Autor/Hrsg.	Cherwell, Frederick Alexander
Titel-Stichwort	The physical significance of the quantum theory
Verl.-Ort	Oxford
Verlag	Clarendon Pr.
Jahr	1932
Umfang	VI, 148 S.
Schlagwort	Quantentheorie

1705/Sommerfeld Lis 2916

Autor/Hrsg.	Listing, Johann Benedikt
Titel-Stichwort	Beitrag zur physiologischen Optik
Von	von Johann Benedikt Listing
Verl.-Ort	Leipzig
Verlag	Engelmann
Jahr	1905
Umfang	52 S., II Bl.
Ill.	Ill., graph. Darst.
Gesamttitel	Ostwald's Klassiker der exakten Wissenschaften ; 147
Sprache	ger

1705/Sommerfeld Lob 1100

Band	1
Gesamttitel	... ; 1,1
Titel-Stichwort	Die Übersetzung
Jahr	1898
Umfang	XVI, 235 S. : Ill., graph. Darst.
Sprache	ger
Lok. Schlagwort	Geometrie

1705/Sommerfeld Lob 1101

Band	2
Gesamttitel	... ; 1,2
Titel-Stichwort	Anmerkungen, Lobatschefskijs Leben und Schriften, Register
Jahr	1899
Umfang	S. 239 - 476 : graph. Darst.
Sprache	ger
Lok. Schlagwort	Geometrie

1705/Sommerfeld Lob 2678

Autor/Hrsg.	Lobačevskij, Nikolaj I.
Titel-Stichwort	Pangeometrie
Hrsg./Bearb.	Liebmann, Heinrich
Untertitel	Kasan 1856
Von	von N. I. Lobatschefskij. Übers. und hrsg. von Heinrich Liebmann

Verl.-Ort	Leipzig
Verlag	Engelmann
Jahr	1902
Umfang	95 S.
Gesamttitel	Ostwalds Klassiker der exakten Wissenschaften ; 130
Originaltitel	Pangéometrie, ou précis de géométrie forndée sur une théorie générale et rigoureuse des parallèles ... <dt.>
Sprache	ger
Lokale Bemerkung	Dauerleihgabe Math. Seminar

1705/Sommerfeld Loc 134

Autor/Hrsg.	Lockyer, Norman
Titel-Stichwort	Studien zur Spectralanalyse
Von	von J. Norman Lockyer
Verl.-Ort	Leipzig
Verlag	Brockhaus
Jahr	1879
Umfang	X, 231 S., VIII Bl. : Ill.
Gesamttitel	Internationale wissenschaftliche Bibliothek ; 35.
Schlagwort	Spektralanalyse
Lokale Bemerkung	Bl. VIII fehlt!

1705/Sommerfeld Lod 180

Autor/Hrsg.	Lodge, Oliver
Titel-Stichwort	Neueste Anschauungen über Elektricität
Hrsg./Bearb.	Helmholtz, Anna von
Hrsg./Bearb.	Du Bois-Reymond, Estelle
Von	von Oliver J. Lodge. Übers. von Anna von Helmholtz und Estelle du Bois-Reymond
Verl.-Ort	Leipzig
Verlag	Barth
Jahr	1896
Umfang	XV, 539 S. : Ill., graph.Darst.
Fussnote	Die Übers. Anna von Helmholtz (1834 - 1899) war die Frau von Hermann von Helmholtz

Originaltitel	Modern views of electricity <dt.>
Sprache	ger
Schlagwort	Elektrizität

1705/Sommerfeld Loh 10

Mondcharte in 25 Sectionen und 2 Erläuterungstafeln/[1]

Mondcharte in 25 Sectionen und 2 Erläuterungstafeln/[2]

Band	[1]
Titel-Stichwort	Text
Jahr	1878
Umfang	49 S.
Sprache	ger

1705/Sommerfeld Lor 1102

Band	1
Titel-Stichwort	Technische Mechanik starrer Systeme
Jahr	1902
Umfang	XXIV, 625 S.
Ill.	Ill.

1705/Sommerfeld Lor 1105

Band	3
Titel-Stichwort	Technische Hydromechanik
Jahr	1910
Umfang	XXII, 500 S.

1705/Sommerfeld Lor 1106

Band	2
Titel-Stichwort	Technische Wärmelehre
Jahr	1904
Umfang	XIX, 544 S.

1705/Sommerfeld Lor 1107

Autor/Hrsg.	Lorenz, Hans
Titel-Stichwort	Dynamik der Kurbelgetriebe
Untertitel	mit besonderer Berücksichtigung der Schiffsmaschinen

Von	von H. Lorenz
Verl.-Ort	Leipzig
Verlag	Teubner
Jahr	1901
Umfang	IV, 156 S.
Ill.	Ill., graph. Darst.
Format	24 cm
Sprache	ger
Schlagwort	Kurbeltrieb / Schiffsmaschinenanlage

1705/Sommerfeld Lor 1110

Band	1
Autor/Hrsg.	Lorentz, Hendrik A.
Titel-Stichwort	Abhandlungen über theoretische Physik/1
Jahr	1907
Umfang	489 S.
Fussnote	Beitr. teilw. dt., teilw. engl., teilw. franz.

1705/Sommerfeld Lor 1113

Autor/Hrsg.	Lorentz, Hendrik A.
Titel-Stichwort	The theory of electrons and its applications to the phenomena of light and radiant heat
Untertitel	a course of lectures delivered in Columbia University, New York, in March and April 1906
Von	by H. A. Lorentz
Verl.-Ort	Leipzig
Verlag	Teubner
Jahr	1909
Umfang	332 S.
Gesamttitel	B. G. Teubners Sammlung von Lehrbüchern auf dem Gebiete der mathematischen Wissenschaften mit Einschluß ihrer Anwendungen ; 29
Sprache	eng
Schlagwort	Strahlungswärme / Elektronentheorie
Schlagwort2	Elektron / Licht

1705/Sommerfeld Lor 1114

Titel-Stichwort	Recueil de travaux
gefeierte Pers.	Lorentz, H. A.
Untertitel	offerts par les auteurs à H. A. Lorentz à l'occasion du 25. anniversaire de son doctorat le 11. Déc. 1900
Umfang	IX, 678 S.

1705/Sommerfeld Lor 1374/1

Band	1
Gesamttitel	... ; 5,1
Titel-Stichwort	Die algebraischen Kurven
Ausgabe	2. Aufl.
Jahr	1910
Umfang	XVIII, 488 S.
Begleitmaterial	Beil.

1705/Sommerfeld Lor 1374/2

Band	2
Gesamttitel	... ; 5,2
Titel-Stichwort	Die transzendenten und die abgeleiteten Kurven
Ausgabe	2. Aufl.
Jahr	1911
Umfang	VIII, 384 S.
Begleitmaterial	Beil.

1705/Sommerfeld Lor 360

Autor/Hrsg.	Lorentz, Hendrik A.
Titel-Stichwort	Sichtbare und unsichtbare Bewegungen
Untertitel	Vorträge auf Einladung des Vorstandes des Departements Leiden der Maatschappij Tot Nut Van 't Algemeen im Februar und März 1901
Von	gehalten von H. A. Lorenz
Verl.-Ort	Braunschweig
Verlag	Vieweg
Jahr	1902
Umfang	123 S.
Ill.	Ill., graph. Darst.

Fussnote	Aus dem Niederländ. übers.
Format	23 cm
Originaltitel	Zichtbare en onzichtbare bewegungen <dt.>
Sprache	ger
Schlagwort	Mechanik
Schlagwort2	Elektrizitätslehre
Schlagwort3	Optik

1705/Sommerfeld Lor 362

Autor/Hrsg.	Lorentz, Hendrik A.
Titel-Stichwort	Versuch einer Theorie der electrischen und optischen Erscheinungen in bewegten Körpern
Von	von H. A. Lorentz
Ausgabe	Unveränd. Abdr. der 1895 ersch. 1. Aufl.
Verl.-Ort	Leipzig
Verlag	Teubner
Jahr	1906
Umfang	138 S.
Sprache	ger

1705/Sommerfeld Lor 363

Band	1
Autor/Hrsg.	Lorentz, Hendrik A.
Titel-Stichwort	Abhandlungen über theoretische Physik/1
Jahr	1907
Umfang	489 S.
Fussnote	Beitr. teilw. dt., teilw. engl., teilw. franz.

1705/Sommerfeld Lor 401

Autor/Hrsg.	Lorentz, Hendrik A.
Titel-Stichwort	The theory of electrons and its applications to the phenomena of light and radiant heat
Untertitel	a course of lectures delivered in Columbia University, New York, in March and April 1906
Von	by H. A. Lorentz
Verl.-Ort	Leipzig

Verlag	Teubner
Jahr	1909
Umfang	332 S.
Gesamttitel	B. G. Teubners Sammlung von Lehrbüchern auf dem Gebiete der mathematischen Wissenschaften mit Einschluß ihrer Anwendungen ; 29
Sprache	eng
Schlagwort	Strahlungswärme / Elektronentheorie
Schlagwort2	Elektron / Licht

1705/Sommerfeld Lor 517

Autor/Hrsg.	Loria, Stanislaw
Titel-Stichwort	Die Lichtbrechung in Gasen als physikalisches und chemisches Problem
Von	von Stanislaw Loria
Verl.-Ort	Braunschweig
Verlag	Vieweg
Jahr	1914
Umfang	VI, 92 S.
Ill.	graph. Darst.
Gesamttitel	Sammlung Vieweg ; 4
Sprache	ger

1705/Sommerfeld Lor 524

Autor/Hrsg.	Lorentz, Hendrik A.
Titel-Stichwort	Ergebnisse und Probleme der Elektronentheorie
Untertitel	Vortrag, gehalten am 20.12.1904 im Elektrotechnischen Verein zu Berlin
Von	von H. A. Lorentz
Verl.-Ort	Berlin
Verlag	Springer
Jahr	1905
Umfang	62 S.
Ill.	Ill.
Sprache	ger

1705/Sommerfeld Lor 530

Autor/Hrsg.	Lorentz, Hendrik A.
Titel-Stichwort	Das Relativitätsprinzip

Untertitel	3 Vorlesungen, geh. in Teylers Stiftung zu Haarlem
Von	von H. A. Lorentz
Verl.-Ort	Leipzig u.a.
Verlag	Teubner
Jahr	1914
Umfang	52 S.
Gesamttitel	Zeitschrift für mathematischen und naturwissenschaftlichen Unterricht / Beiheft ; 1
Schlagwort	Relativitätsprinzip

1705/Sommerfeld Lor 547

Autor/Hrsg.	Lorentz, Hendrik A.
Titel-Stichwort	Les théories statistiques en thermodynamique
Untertitel	conférence faites au Collège de France en nov. 1912
Von	par H. A. Lorentz
Verl.-Ort	Leipzig u.a.
Verlag	Teubner
Jahr	1916
Umfang	120 S.

1705/Sommerfeld Lor 547b

Autor/Hrsg.	Lorentz, Hendrik A.
Titel-Stichwort	Les théories statistiques en thermodynamique
Untertitel	conférence faites au Collège de France en nov. 1912
Von	par H. A. Lorentz
Verl.-Ort	Leipzig u.a.
Verlag	Teubner
Jahr	1916
Umfang	120 S.

1705/Sommerfeld Lor 748

Autor/Hrsg.	Lorentz, Hendrik Anton
Autor/Hrsg.	Einstein, Albert
Autor/Hrsg.	Minkowski, Hermann
Titel-Stichwort	Das Relativitätsprinzip
Hrsg./Bearb.	Weyl, Hermann

Hrsg./Bearb.	Sommerfeld, Arnold
Hrsg./Bearb.	Blumenthal, Otto
Untertitel	eine Sammlung von Abhandlungen
Von	H. A. Lorentz ; A. Einstein ; H. Minkowski. Mit einem Beitrag von H. Weyl und Anmerkungen von A. Sommerfeld. Vorwort von O. Blumenthal
Ausgabe	5. Aufl.
Verl.-Ort	Leipzig, Berlin
Verlag	Teubner
Jahr	1923
Umfang	159 S.
Gesamttitel	Fortschritte der mathematischen Wissenschaften in Monographien ; 2

1705/Sommerfeld Lor 753

Autor/Hrsg.	Lorentz, Hendrik A.
Titel-Stichwort	Theorie der Strahlung
Hrsg./Bearb.	Fokker, Adriaan D.
Untertitel	nach der zweiten holländischen Aufl. ins Dt. übers. von G. L. de Haas-Lorentz
Von	bearb. von A. D. Fokker
Verl.-Ort	Leipzig
Verlag	Akad. Verlagsges.
Jahr	1927
Umfang	X, 81 S.
Ill.	Ill., graph. Darst.
Gesamttitel	Lorentz, Hendrik Antoon: Vorlesungen über theoretische Physik an d. Univ. Leiden ; 1
Fussnote	Text dt.
Schlagwort	Strahlung / Theorie

1705/Sommerfeld Lor 772

Vorlesungen über theoretische Physik an der Universität Leiden/2

Band	2
Autor/Hrsg.	Bruins, Eva Dina
Titel-Stichwort	Kinetische Probleme
Von	bearb.von E. D. Bruins ...
Jahr	1928

Vorlesungen über theoretische Physik an der Universität Leiden/3

Band	3
Autor/Hrsg.	Bremekamp, Hendrik
Titel-Stichwort	Aethertheorien und Aethermodelle
Von	bearb. von H. Bremekamp
Jahr	1928
Umfang	VI, 78 S. : graph. Darst.

1705/Sommerfeld Lor 790

Band	4
Titel-Stichwort	Die Relativitätstheorie für gleichförmige Translationen
Untertitel	1910 - 1912
Von	Bearb. von A. D. Fokker
Jahr	1929
Umfang	IX, 180 S.

1705/Sommerfeld Lov 1121

Band	2
Autor/Hrsg.	Love, Augustus E. H.
Titel-Stichwort	A treatise on the mathematical theory of elasticity/2
Jahr	(1893)
Umfang	XI, 327 S.
Sprache	eng

1705/Sommerfeld Lov 1126

Band	1
Autor/Hrsg.	Love, Augustus E. H.
Titel-Stichwort	A treatise on the mathematical theory of elasticity/1
Jahr	(1892)
Umfang	XV, 354 S.
Sprache	eng

1705/Sommerfeld Löw 782

Autor/Hrsg.	Löwe, Fritz
Titel-Stichwort	Atlas der letzten Linien der wichtigsten Elemente
Von	von Fritz Löwe

Verl.-Ort	Dresden [u.a.]
Verlag	Steinkopff
Jahr	1928
Umfang	44 S. : zahlr. Ill.
Sprache	ger
Schlagwort	Spektralanalyse / Atlas

1705/Sommerfeld Lun 1144

Autor/Hrsg.	Lundblad, Ragnar
Titel-Stichwort	Untersuchungen über die Optik der dispergierenden Medien
Untertitel	vom molekulartheoretischen Standpunkte
Von	von Ragnar Lundblad
Verl.-Ort	Uppsala
Verlag	Akamdemiska Bokhandeln
Jahr	1920
Umfang	198 S.
Gesamttitel	Uppsala Universitets årsskrift : Matematik och naturvetenskap; 1920,2
Sprache	ger

1705/Sommerfeld Mac 1145

Autor/Hrsg.	Macdonald, H. M.
Titel-Stichwort	Electric waves
Untertitel	being an Adams prize essay in the University of Cambridge
Von	by H. M. Macdonald
Verl.-Ort	Cambridge
Verlag	Cambridge Univ. Press
Jahr	1902
Umfang	XIII, 200 S.
Sprache	eng

1705/Sommerfeld Mac 303

Autor/Hrsg.	Mach, Ernst
Titel-Stichwort	Die Principien der Wärmelehre
Untertitel	historisch-kritisch entwickelt
Von	von E. Mach
Verl.-Ort	Leipzig

Verlag	Barth
Jahr	1896
Umfang	VIII, 472 S., [6] Bl. : graph. Darst., Portr.
Sprache	ger
Schlagwort	Thermodynamik

1705/Sommerfeld Mac 560

Autor/Hrsg.	Mach, Ernst
Titel-Stichwort	Die Analyse der Empfindungen und das Verhältnis des Physischen zum Psychischen
Von	von E. Mach
Ausgabe	6., verm. Aufl.
Verl.-Ort	Jena
Verlag	Fischer
Jahr	1911
Umfang	XI, 323 S. : graph. Darst.
Schlagwort	Empfindung

1705/Sommerfeld Mac 611

Autor/Hrsg.	Mache, Heinrich
Titel-Stichwort	Einführung in die Theorie der Wärme
Von	von Heinrich Mache
Verl.-Ort	Berlin [u.a.]
Verlag	de Gruyter
Jahr	1921
Umfang	VIII, 319 S. : graph. Darst.

1705/Sommerfeld Mac 618

Autor/Hrsg.	Mach, Ernst
Titel-Stichwort	Die Prinzipien der physikalischen Optik
Untertitel	historisch und erkenntnispsychologisch entwickelt
Von	von Ernst Mach
Verl.-Ort	Leipzig
Verlag	Barth
Jahr	1921
Umfang	X, 443 S. : Ill., graph. Darst.

Sprache	ger
Schlagwort	Optik / Geschichte

1705/Sommerfeld Mae 1147

Autor/Hrsg.	Maey, Eugen
Titel-Stichwort	Über die Beugung des Lichtes an einem geraden, scharfen Schirmrande
Von	von Eugen Maey
Verl.-Ort	Leipzig
Verlag	Barth
Jahr	1893
Umfang	39 S. : graph. Darst.
Fussnote	Zugl.: Königsberg in Pr., Univ., Diss., 1893
Sprache	ger

1705/Sommerfeld Mal 2564

Autor/Hrsg.	Malpighi, Marcello
Titel-Stichwort	Die Anatomie der Pflanzen
Hrsg./Bearb.	Möbius, Martin
Untertitel	I. und II. Teil, London 1675 und 1679
Von	Marcellus Malpighi. Bearb. von M. Möbius
Verl.-Ort	Leipzig
Verlag	Engelmann
Jahr	1901
Umfang	163 S.
Ill.	zahlr. Ill.
Gesamttitel	Ostwalds Klassiker der exakten Wissenschaften ; 120
Fussnote	Aus dem Lat. übers.
Originaltitel	Anatome plantarum <dt.>
Sprache	ger
Schlagwort	Pflanzenanatomie

1705/Sommerfeld Man 37

Band	1
Titel-Stichwort	Anfangsgründe der Infinitesimalrechnung und der analytischen Geometrie
Ausgabe	2. Aufl.
Jahr	1919

Umfang	XVII, 516 S. : graph. Darst.
Lokale Bemerkung	Vermisst Rev. 1982

1705/Sommerfeld Man 38

Band	2
Titel-Stichwort	Differentialrechnung
Ausgabe	2. Aufl.
Jahr	1919
Umfang	XII, 531 S. : graph. Darst.
Lokale Bemerkung	Vermisst Rev. 1982

1705/Sommerfeld Man 464

Band	3
Titel-Stichwort	Integralrechnung
Ausgabe	4. Aufl.
Jahr	1927
Umfang	XII, 571 S. : graph. Darst.
Lokale Notation	LB

1705/Sommerfeld Mar 474

Autor/Hrsg.	Markov, Andrej A.
Titel-Stichwort	Wahrscheinlichkeitsrechnung
Von	von A. A. Markoff
Verl.-Ort	Leipzig u.a.
Verlag	Teubner
Jahr	1912
Umfang	VII, 317 S.
Fussnote	Aus d. Russ. übers.

1705/Sommerfeld Mar 710

Autor/Hrsg.	Mark, Herman F.
Titel-Stichwort	Die Verwendung der Röntgenstrahlen in Chemie und Technik
Untertitel	ein Hilfsbuch für Chemiker und Ingenieure
Von	von Hermann Mark

Verl.-Ort	Leipzig
Verlag	Barth
Jahr	1926
Umfang	XV, 528 S. : Ill., graph. Darst.
Gesamttitel	Handbuch der angewandten physikalischen Chemie in Einzeldarstellungen ; 14
Schlagwort	Röntgenstrahlung / Technik
Schlagwort2	Röntgenographie
Schlagwort3	Röntgenstrahlung / Chemie

1705/Sommerfeld Mat 144

Autor/Hrsg.	Mathieu, Emile
Titel-Stichwort	Theorie des Potentials und ihre Anwendungen auf Electrostatik und Magnetismus
Hrsg./Bearb.	Maser, H.
Von	von Émile Mathieu
Ausgabe	Autor. dt. Ausg. / von H. Maser
Verl.-Ort	Berlin
Verlag	Springer
Jahr	1890
Umfang	X, 374 S.
Originaltitel	Théorie du potential et ses applications à l'electrostatique e au magnétisme <dt.>
Sprache	ger

1705/Sommerfeld Max 1157

Band	2
Autor/Hrsg.	Maxwell, James Clerk
Titel-Stichwort	A treatise on electricity and magnetism/2
Ausgabe	3. ed.
Jahr	1904
Umfang	XXIV, 500 S., XX Taf. : graph. Darst.

1705/Sommerfeld Max 1158

Autor/Hrsg.	Maxwell, James Clerk
Titel-Stichwort	Theory of heat
Von	J. Clerk Maxwell
Ausgabe	10. ed. with corr. and add.
Verl.-Ort	London

Verlag	Longmans, Green
Jahr	1891
Umfang	XIV, 343 S. : Ill., graph. Darst.
Gesamttitel	Text-books of science

1705/Sommerfeld Max 145

Autor/Hrsg.	Maxwell, James Clerk
Titel-Stichwort	Theorie der Wärme
Hrsg./Bearb.	Auerbach, F.
Von	von J. C. Maxwell. Nach der 4. Aufl. des Originals ins Deutsche übertr. von F. Auerbach
Verl.-Ort	Breslau
Verlag	Maruschke & Berendt
Jahr	1877
Umfang	XII, 324 S.
Ill.	zahlr. Ill.
Originaltitel	Theory of heat <dt.>
Sprache	ger
Schlagwort	Thermodynamik

1705/Sommerfeld Max 156

Autor/Hrsg.	Maxwell, James Clerk
Titel-Stichwort	Matter and motion
Von	by J. Clerk Maxwell
Verl.-Ort	London [u.a.]
Verlag	Soc. for Promoting Christian Knowledge [u.a.]
Jahr	1888
Umfang	VIII, 128 S.
Ill.	Ill., graph. Darst.
Gesamttitel	Manuals of elementary science
Sprache	eng

1705/Sommerfeld Max 2246

Autor/Hrsg.	Maxwell, James Clerk
Titel-Stichwort	Über physikalische Kraftlinien
Von	von James Clerk Maxwell

Verl.-Ort	Leipzig
Verlag	Engelmann
Jahr	1898
Umfang	146 S.
Gesamttitel	Ostwalds Klassiker der exakten Wissenschaften ; 102
Sprache	ger

1705/Sommerfeld Max 281

Autor/Hrsg.	Maxwell, James Clerk
Titel-Stichwort	Über Faraday's Kraftlinien
Hrsg./Bearb.	Boltzmann, Ludwig
Untertitel	(Transact. of t. Cambr. Phil. Soc. Vol. 10, p. 27, gelesen am 10. Dec. 1855 und 11. Febr. 1856, Maxw. Scient. Pap. Vol. 1, p. 155)
Von	von James Clerk Maxwell. Hrsg. von Ludwig Boltzmann
Verl.-Ort	Leipzig
Verlag	Engelmann
Jahr	1895
Umfang	130 S.
Gesamttitel	Ostwald's Klassiker der exakten Wissenschaften ; 69

1705/Sommerfeld Max 443a

Band	1
Autor/Hrsg.	Maxwell, James Clerk
Titel-Stichwort	A treatise on electricity and magnetism/1
Ausgabe	2. ed.
Jahr	1881
Umfang	XXXi, 464 S.
Ill.	Ill., graph. Darst.
Sprache	eng

1705/Sommerfeld Max 443b

Band	2
Autor/Hrsg.	Maxwell, James Clerk
Titel-Stichwort	A treatise on electricity and magnetism/2
Ausgabe	2. ed.
Jahr	1881

Umfang	XXIII, 456 S.
Ill.	Ill., graph. Darst.
Sprache	eng

1705/Sommerfeld Max 465

Autor/Hrsg.	Maxwell, James Clerk
Titel-Stichwort	Die Elektrizität in elementarer Behandlung
Von	von James Clerk Maxwell. Hrsg. von William Garnett. Ins Dt. übertr. von L. Graetz
Verl.-Ort	Braunschweig
Verlag	Vieweg
Jahr	1883
Umfang	XVI, 224 S., IV Bl. : graph. Darst.
Originaltitel	An elementary treatise on electricity <dt.>
Sprache	ger

1705/Sommerfeld Max 906

Autor/Hrsg.	Maxwell, James Clerk
Titel-Stichwort	Auszüge aus James Clerk Maxwells Elektrizität und Magnetismus
Hrsg./Bearb.	Emde, Fritz
Hrsg./Bearb.	Barkhausen, Hilde
Von	hrsg. von Fritz Emde. Übers. von Hilde Barkhausen
Verl.-Ort	Braunschweig
Verlag	Vieweg
Jahr	1915
Umfang	XXXI, 182 S.
Originaltitel	A treatise on electricity and magnetism <dt.>
Sprache	ger
Lok. Schlagwort	Elektrizität. - Magnetismus

1705/Sommerfeld May 1103

Autor/Hrsg.	Mayer, Rudolf
Titel-Stichwort	Die Knickfestigkeit
HSS-Vermerk	Zugl.: Karlsruhe, Techn. Hochsch., Habil.-Schr., 1920
Verl.-Ort	Berlin
Verlag	Springer
Jahr	1921

Umfang	VIII, 500 S.
Sprache	ger
Schlagwort	Knickfestigkeit

1705/Sommerfeld May 1160

Titel-Stichwort	Erstes und Letztes
Hrsg./Bearb.	Mayer, Robert von
Hrsg./Bearb.	Berzelius, Jöns Jacob
Von	J. R. Mayer ; J. J. Berzelius
Verl.-Ort	Berlin
Verlag	Keiper
Jahr	1943
Umfang	160 S.
Gesamttitel	Mayer, Julius Robert: Werke. Kraft ist alles.
Gesamttitel	Dokumente zur Morphologie, Symbolik und Geschichte.

1705/Sommerfeld May 410

Autor/Hrsg.	Mayer, Robert von
Titel-Stichwort	Die Mechanik der Wärme
Untertitel	zwei Abhandlungen
Von	von Robert Mayer
Verl.-Ort	Leipzig
Verlag	Engelmann
Jahr	1911
Umfang	90 S.
Ill.	Ill.
Gesamttitel	Ostwalds Klassiker der exakten Wissenschaften ; 180
Sprache	ger

1705/Sommerfeld May 800

Autor/Hrsg.	Mayer, Robert
Titel-Stichwort	Kleinere Schriften und Briefe
Hrsg./Bearb.	Weyrauch, Jacob J.
Untertitel	nebst Mitteilungen aus seinem Leben
Von	Hrsg. von Jakob J. Weyrauch*
Verl.-Ort	Stuttgart

Verlag	Cotta
Jahr	1893
Umfang	XVI, 503 S. : Ill., graph. Darst.
Regensbg.Syst.	UB 2690
Schlagwort	Mayer, Robert von

1705/Sommerfeld Mei 151a

Band	[1]
Gesamttitel	... ; 3,1
Titel-Stichwort	[Textband]
Jahr	1889
Umfang	XVI, 500 S.

1705/Sommerfeld Mei 151b

Band	[2]
Gesamttitel	... ; 3,2
Titel-Stichwort	[Atlas]
Jahr	1889
Umfang	17 Taf.

1705/Sommerfeld Mei A 150

Autor/Hrsg.	Meisel, Ferdinand
Titel-Stichwort	Fünf Falttafeln zu 'Geometrische Optik'
Untertitel	eine mathematische Behandlung der einfachsten Erscheinungen auf dem Gebiete der Lehre vom Licht
Von	Ferdinand Meisel
Verl.-Ort	Halle/Saale
Verlag	Schmidt
Jahr	1886
Umfang	5 Falttaf.
Fussnote	Fingierter Titel. - Nicht für andere Bibliotheken zu benutzen!
Sprache	ger

1705/Sommerfeld Men 2565

Autor/Hrsg.	Mendel, Gregor
Titel-Stichwort	Versuche über Pflanzenhybriden

Hrsg./Bearb.	Tschermak-Seysenegg, Erich
Untertitel	zwei Abhandlungen ; (1865 und 1869)
Von	von Gregor Mendel. Hrsg. von Erich Tschermak
Verl.-Ort	Leipzig
Verlag	Engelmann
Jahr	1901
Umfang	62 S.
Gesamttitel	Ostwald's Klassiker der exakten Wissenschaften ; 121
Sprache	ger
Schlagwort	Pflanzenhybriden

1705/Sommerfeld Mey 1161

Titel-Stichwort	Festschrift des Institutes für Radiumforschung anlässlich seines 40jährigen Bestandes
SBKAnsetz	Institut für Radiumforschung <Wien>
Untertitel	1910 - 1950
Verl.-Ort	Wien
Drucker	Holzhausens Nachfolger
Jahr	1950
Umfang	60 S.
Sprache	ger

1705/Sommerfeld Mey 1162

Autor/Hrsg.	Meyer, Charles Ferdinand
Titel-Stichwort	The diffraction of light, x-rays, and material particles
Untertitel	an introductory treatment
Von	Charles F. Meyer
Verl.-Ort	Chicago
Verlag	Univ. Pr.
Jahr	1934
Umfang	XIV, 473 S.
Ill.	Ill., graph. Darst.
Sprache	eng

1705/Sommerfeld Mey 148

Autor/Hrsg.	Meyer, Antoine
Titel-Stichwort	Vorlesungen über Wahrscheinlichkeitsrechnung
Von	von A. Meyer. Dt. bearb. von Emanuel Czuber
Verl.-Ort	Leipzig
Verlag	Teubner
Jahr	1879
Umfang	XI, 554 S.
Fussnote	Aus d. Franz. übers.

1705/Sommerfeld Mey 1951

Titel-Stichwort	Das natürliche System der chemischen Elemente
Hrsg./Bearb.	Meyer, Lothar
Hrsg./Bearb.	Mendeleev, Dmitrij I.
Hrsg./Bearb.	Seubert, Karl
Untertitel	Abhandlungen
Von	von Lothar Meyer und D. Mendelejeff. Hrsg. von Karl Seubert
Verl.-Ort	Leipzig
Verlag	Engelmann
Jahr	1895
Umfang	134 S.
Ill.	graph. Darst.
Gesamttitel	Ostwalds Klassiker der exakten Wissenschaften ; 68
Sprache	ger
Schlagwort	Periodensystem / Geschichte

1705/Sommerfeld Mic 1163

Autor/Hrsg.	Michel, Kurt
Titel-Stichwort	Grundzüge der Mikrophotographie
Von	von Kurt Michel
Verl.-Ort	Jena
Verlag	Fischer
Jahr	1940
Umfang	192 S. : Ill., graph. Darst.
Gesamttitel	Zeiss-Nachrichten. Sonderh. ; 4
Schlagwort	Mikrophotographie

1705/Sommerfeld Mie 1165

Autor/Hrsg. Mie, Gustav
Titel-Stichwort Die Einsteinsche Gravitationstheorie
Untertitel Versuch einer allgemein verständlichen Darstellung der Theorie
Verl.-Ort Leipzig
Verlag Hirzel
Jahr 1921
Umfang 67 S.
Sprache ger

1705/Sommerfeld Mie 1167

Band 1
Gesamttitel ... ; 58
Titel-Stichwort Moleküle und Atome
Ausgabe 4. Aufl.
Jahr 1919
Umfang 122 S.

1705/Sommerfeld Mie 366

Autor/Hrsg. Mie, Gustav
Titel-Stichwort Moleküle, Atome, Weltäther
Von von Gustav Mie
Ausgabe 2. Aufl.
Verl.-Ort Leipzig
Verlag Teubner
Jahr 1907
Umfang 141 S. : Ill.
Gesamttitel Aus Natur und Geisteswelt ; 58
Sprache ger

1705/Sommerfeld Mil 1168

Autor/Hrsg. Millikan, Robert Andrews
Titel-Stichwort The electron
Untertitel its isolation and measurement and the determination of some of its properties
Von by Robert Andrews Millikan
Ausgabe 2. ed.

Verl.-Ort	Chicago
Verlag	Univ. Press
Jahr	1924
Umfang	XIV, 293 S., 7 Bl. : Ill.
Gesamttitel	The University of Chicago science series
Sprache	eng

1705/Sommerfeld Min 1169

Band	1
Autor/Hrsg.	Minkowski, Hermann
Titel-Stichwort	Gesammelte Abhandlungen/1
Jahr	(1911)
Umfang	XXXI, 371 S.

1705/Sommerfeld Min 1170

Band	2
Autor/Hrsg.	Minkowski, Hermann
Titel-Stichwort	Gesammelte Abhandlungen/2
Jahr	(1911)
Umfang	IV, 465 S.

1705/Sommerfeld Min 447b

Autor/Hrsg.	Minkowski, Hermann
Titel-Stichwort	Zwei Abhandlungen über die Grundgleichungen der Elektrodynamik
Hrsg./Bearb.	Blumenthal, Otto
Von	Hermann Minkowski
Verl.-Ort	Leipzig [u.a.]
Verlag	Teubner
Jahr	1910
Umfang	82 S.
Gesamttitel	Fortschritte der mathematischen Wissenschaften in Monographien ; 1
Sprache	ger

1705/Sommerfeld Mis 2288

Band	1.1948
Titel-Stichwort	Advances in applied mechanics/1.1948

1705/Sommerfeld Mit 1171

Autor/Hrsg.	Mittasch, Alwin
Titel-Stichwort	Friedrich Nietzsches Naturbeflissenheit
Untertitel	Vorgetragen in d. Sitzung v. 12. Febr. 1944
Verl.-Ort	Heidelberg
Verlag	Springer
Jahr	1950
Umfang	102 S.
Gesamttitel	Heidelberger Akademie der Wissenschaften: [Sitzungsberichte der Heidelberger Akademie der Wissenschaften / Mathematisch-Naturwissenschaftliche Klasse] ; 1950,2

1705/Sommerfeld Mit 1173

Autor/Hrsg.	Mittasch, Alwin
Titel-Stichwort	Schopenhauer und die Chemie
Von	A. Mittasch
Verl.-Ort	Heidelberg
Verlag	Winter
Jahr	1939
Umfang	IV, 92 S.
Fussnote	Aus: Sechsundzwanzigsten Jahrbuch d. Schopenhauer-Ges. 1939
Schlagwort	Schopenhauer, Arthur / Chemie

1705/Sommerfeld Mit 1213

Autor/Hrsg.	Mayer, Julius Robert von
Titel-Stichwort	Kraft, Leben, Geist
Hrsg./Bearb.	Mittasch, Alwin
Hrsg./Bearb.	Abderhalden, Emil
Untertitel	eine Lese aus Robert Mayers Schriften ; Festgabe zur Erinnerung an die Hundertjahrfeier der Entdeckung des Energiegesetzes durch Julius Robert Mayer
Von	zsgest. von Alwin Mittasch ; hrsg. ... von Emil Abderhalden
Verl.-Ort	Halle (Saale)
Verlag	Kaiserlich Leopoldinisch-Carolininisch Dt. Akad. der Naturforscher
Jahr	1942
Umfang	50 S. : Ill.
Sprache	ger

1705/Sommerfeld Mit 1215

Autor/Hrsg.	Mittasch, Alwin
Titel-Stichwort	Julius Robert Mayers Stellung zur Chemie
Von	von A. Mittasch
Beigef. Werk	Bemerkungen über die Kräfte der unbelebten Natur / von J. R. Mayer
Verl.-Ort	Berlin
Verlag	Verl. Chemie
Jahr	1940
Umfang	23 S., S. 233 - 240 S.
Sprache	ger

1705/Sommerfeld Mit 1217

Autor/Hrsg.	Mittasch, Alwin
Titel-Stichwort	Letzte Worte über Ursache und Kraft
Von	von Alwin Mittasch
Ausgabe	Sonderdr.
Verl.-Ort	Minden i.W.
Verlag	Lutzeyer
Jahr	1945 - 1948
Umfang	28 S.
Fussnote	Aus: Schopenhauer-Jahrbuch ; 32
Sprache	ger

1705/Sommerfeld Mit 2224

Autor/Hrsg.	Mittasch, Alwin
Titel-Stichwort	Julius Robert Mayers Kausalbegriff
Untertitel	seine geschichtliche Stellung, Auswirkung und Bedeutung
Von	von Alwin Mittasch
Verl.-Ort	Berlin
Verlag	Springer
Jahr	1940
Umfang	VII,297 S.
Schlagwort	Kausalität / Begriff
Schlagwort2	Mayer, Robert von / Kausalität
Lokale	Pharmaziegeschichte
Bemerkung	

1705/Sommerfeld Mit 2242

Autor/Hrsg.	Mitscherlich, Eilhard Alfred
Titel-Stichwort	Über das Benzin und die Verbindungen desselben
Untertitel	gelesen in der Akademie der Wissenschaften am 6. Februar 1834
Von	von Eilhard Mitscherlich
Verl.-Ort	Leipzig
Verlag	Engelmann
Jahr	1898
Umfang	39 S.
Gesamttitel	Ostwald's Klassiker der exakten Wissenschaften ; 98
Sprache	ger
Schlagwort	Benzin / Geschichte

1705/Sommerfeld Mon 2472

Autor/Hrsg.	Monge, Gaspard
Titel-Stichwort	Darstellende Geometrie
Untertitel	(1798)
Verl.-Ort	Leipzig
Verlag	Engelmann
Jahr	1900
Umfang	217 S. : graph. Darst.
Gesamttitel	Ostwald's Klassiker der exakten Wissenschaften ; 117.
Fussnote	EST: Géométrie descriptive (dt.)

1705/Sommerfeld Muc 1218

Autor/Hrsg.	Muck, Otto Heinrich
Titel-Stichwort	Biologie des Stoffes
Von	von Otto Muck
Verl.-Ort	Leipzig
Verlag	Barth
Jahr	1947
Umfang	XI, 116 S.
Gesamttitel	Bios ; 18
Sprache	ger

1705/Sommerfeld Mül 1224

Autor/Hrsg.	Müller, Felix
Titel-Stichwort	Zeittafeln zur Geschichte der Mathematik, Physik und Astronomie bis zum Jahre 1500
Untertitel	mit Hinweis auf die Quellenliteratur
Von	von Felix Müller
Verl.-Ort	Leipzig
Verlag	Teubner
Jahr	1892
Umfang	IV; 103 S.

1705/Sommerfeld Mül 1226

Band	4,3
Titel-Stichwort	Elektrizität und Magnetismus, 3: Elektrische Eigenschaften und Wirkungen der Elementarteilchen der Materie
Jahr	1933
Umfang	XVIII, 828 S.

1705/Sommerfeld Mül 1230

Autor/Hrsg.	Nordheim, Lothar
Titel-Stichwort	Statische und kinetische Theorie des metallischen Zustandes
Untertitel	Quantentheorie des Magnetismus
Von	von Lothar Nordheim
Verl.-Ort	Braunschweig
Verlag	Vieweg
Jahr	1934
Umfang	S. 244 - 876
Ill.	Ill., graph. Darst.
Fussnote	Sonderdr. aus : Müller-Pouillets Lehrbuch der Physik ; 4,4
Sprache	ger

1705/Sommerfeld Mül 1236

Band	3,2
Titel-Stichwort	Wärmelehre, 2: Kinetische Theorie der Wärme
Jahr	1925
Umfang	X, 436 S.

1705/Sommerfeld Mül 1239

Autor/Hrsg.	Müller, Conrad
Autor/Hrsg.	Prange, Georg
Titel-Stichwort	Allgemeine Mechanik
Untertitel	grundlegende Ansätze und elementare Methoden der Mechanik des Punktes und der Punktsysteme ; eine Einführung für Studierende der Natur- und Ingenieur-Wissenschaften
Verl.-Ort	Hannover
Verlag	Hannover
Jahr	1923

1705/Sommerfeld Mül 1291

Band	1,2
Titel-Stichwort	Mechanik und Akustik, 2: Elastizität und Mechanik der Flüssigkeiten und Gase
Jahr	1929
Umfang	S. 852 - 1258

1705/Sommerfeld Mül 1292

Band	1,3
Titel-Stichwort	Mechanik und Akustik, 3: Akustik
Jahr	1929
Umfang	XII, 484 S.

1705/Sommerfeld Mül 1324

Band	2,1
Titel-Stichwort	Lehre von der strahlenden Energie < Optik>, 1
Jahr	1926
Umfang	XVIII, 928 S.

1705/Sommerfeld Mül 1325

Band	2,2,2
Titel-Stichwort	Lehre von der strahlenden Energie <Optik>, 2,2
Jahr	1929
Umfang	XV S., S. 1710 - 2392

1705/Sommerfeld Mül 1326

Band	3,1
Titel-Stichwort	Wärmelehre, 1: Physikalische, chemische und technische Thermodynamik (einschließlich Wärmeleitung)
Jahr	1926
Umfang	XVIII, 1185 S.

1705/Sommerfeld Mül 1327

Band	3,2
Titel-Stichwort	Wärmelehre, 2: Kinetische Theorie der Wärme
Jahr	1925
Umfang	X, 436 S.

1705/Sommerfeld Mül 469

Autor/Hrsg.	Müller, Aloys
Titel-Stichwort	Das Problem des absoluten Raumes und seine Beziehung zum allgemeinen Raumproblem
Von	von Aloys Müller
Verl.-Ort	Braunschweig
Verlag	Vieweg
Jahr	1911
Umfang	X, 154 S.
Gesamttitel	Die Wissenschaft ; 39
Schlagwort	Raum / Zeit / Physik

1705/Sommerfeld Mut 1240

Autor/Hrsg.	Muth, Peter
Titel-Stichwort	Theorie und Anwendung der Elementartheiler
Von	von P. Muth
Verl.-Ort	Leipzig
Verlag	Teubner
Jahr	1899
Umfang	XVI, 236 S.
Sprache	ger

1705/Sommerfeld Nag 1241

Titel-Stichwort	Anniversary volume dedicated to Professor Hantaro Nagaoka
gefeierte Pers.	Nagaoka, Hantaro
Untertitel	by his friends and pupils on the completion of 25 years of his professorship
Verl.-Ort	Tokyo
Verlag	Phys. Inst., Fac. of Science, Tokyo Imperial Univ.
Jahr	1925
Umfang	XVI, 422 S. : Ill., graph. Darst.

1705/Sommerfeld Ner 1243

Autor/Hrsg.	Nernst, Walther
Titel-Stichwort	Theoretische Chemie
Untertitel	vom Standpunkte der Avogadroschen Regel und der Thermodynamik
Von	von Walther Nernst
Ausgabe	11. - 15. Aufl.
Verl.-Ort	Stuttgart
Verlag	Enke
Jahr	1926
Umfang	XVI, 927 S. : 61 graph. Darst.
Schlagwort	Theoretische Chemie

1705/Sommerfeld Ner 1244

Autor/Hrsg.	Nernst, Walther
Titel-Stichwort	Die theoretischen und experimentellen Grundlagen des neuen Wärmesatzes
Von	von W. Nernst, Prof. und Direktor des physik.-chem. Inst. an der Univ. Berlin
Verl.-Ort	Halle (Saale)
Verlag	Knapp
Jahr	1918
Umfang	VII, 218 S. : graph. Darst.
Sprache	ger

1705/Sommerfeld Ner 630

Autor/Hrsg.	Nernst, Walther
Titel-Stichwort	Das Weltgebäude im Lichte der neueren Forschung
Von	von W. Nernst
Verl.-Ort	Berlin

Verlag	Springer
Jahr	1921
Umfang	63 S.
Sprache	ger
Schlagwort	Weltgebäude / Forschung

1705/Sommerfeld Net 1246

Autor/Hrsg.	Netto, Eugen
Titel-Stichwort	Lehrbuch der Combinatorik
Von	von Eugen Netto
Verl.-Ort	Leipzig
Verlag	Teubner
Jahr	1901
Umfang	VIII, 260 S.
Gesamttitel	B. G. Teubners Sammlung von Lehrbüchern auf dem Gebiete der mathematischen Wissenschaften mit Einschluß ihrer Anwendungen ; 7
Regensbg.Syst.	SK 170
Schlagwort	Kombinatorik

1705/Sommerfeld Neu 104

Autor/Hrsg.	Neumann, Franz
Titel-Stichwort	Die mathematischen Gesetze der inducirten elektrischen Ströme
Von	von Franz Neumann
Verl.-Ort	Leipzig
Verlag	Engelmann
Jahr	1889
Umfang	96 S.
Gesamttitel	Ostwalds Klassiker der exakten Wissenschaften ; 10
Schlagwort	Induzierter elektrischer Strom

1705/Sommerfeld Neu 1245

Autor/Hrsg.	Volkmann, Paul
Titel-Stichwort	Franz Neumann
Untertitel	ein Beitrag zur Geschichte deutscher Wissenschaft ; dem Andenken an den Altmeister der mathematischen Physik gewidmete Blätter ; unter Benutzung einer Reihe von authentischen Quellen

Von	gesammelt und hrsg. von P. Volkmann
Verl.-Ort	Leipzig
Verlag	Teubner
Jahr	1896
Umfang	VI S., 1 Bl., 68 S.
Sprache	ger

1705/Sommerfeld Neu 1247

Autor/Hrsg.	Neumann, Franz
Titel-Stichwort	Vorlesungen über die Theorie der Elasticität der festen Körper und des Lichtäthers
Untertitel	gehalten an der Universität Königsberg
Von	von Franz Neumann
Verl.-Ort	Leipzig
Verlag	Teubner
Jahr	1885
Umfang	XIII, 374 S. : graph. Darst.
Gesamttitel	Vorlesungen über mathematische Physik / Franz Neumann ; 4

1705/Sommerfeld Neu 1250

Autor/Hrsg.	Neumann, Franz
Titel-Stichwort	Vorlesungen über die Theorie der Capillarität
Untertitel	Geh. an d. Univ. Königsberg
Von	von Franz Neumann
Verl.-Ort	Leipzig
Verlag	Teubner
Jahr	1894
Umfang	X, 234 S.
Gesamttitel	Vorlesungen über mathematische Physik ; 7
Sprache	ger

1705/Sommerfeld Neu 1254

Autor/Hrsg.	Neumann, Carl
Titel-Stichwort	Hydrodynamische Untersuchungen
Untertitel	nebst einem Anhange über die Probleme der Elektrostatik und der magnetischen Induction
Von	von C. Neumann

Verl.-Ort	Leipzig
Verlag	Teubner
Jahr	1883
Umfang	XL, 320 S.
Ill.	graph. Darst.
Format	25 cm
Sprache	ger
Schlagwort	Hydrodynamik
Schlagwort2	Elektrostatik
Schlagwort3	Magnetischer Fluss

1705/Sommerfeld Neu 1255

Autor/Hrsg.	Neumann, Carl
Titel-Stichwort	Über die Maxwell-Hertz'sche Theorie
Von	von C. Neumann
Verl.-Ort	Leipzig
Verlag	Teubner
Jahr	1901
Umfang	S. 214 - 348
Ill.	Ill.
Fussnote	Aus : Abhandlungen der Mathematisch-Physischen Classe der Königlich-Sächsischen Gesellschaft der Wissenschaften ; 27,2
Sprache	ger

1705/Sommerfeld Neu 1257

Autor/Hrsg.	Neumann, Carl
Titel-Stichwort	Über die den Kräften elektrodynamischen Ursprungs zuzuschreibenden Elementargesetze
Von	von Carl Neumann
Verl.-Ort	Leipzig
Verlag	Hirzel
Jahr	1873
Umfang	S. 420 - 524
Gesamttitel	Königlich-Sächsische Gesellschaft der Wissenschaften / Mathematisch-Physische Klasse: [Abhandlungen der Mathematisch-Physischen Klasse der Königlich-Sächsischen Gesellschaft der Wissenschaften] ; 10,6

Gesamttitel	Königlich-Sächsische Gesellschaft der Wissenschaften: Abhandlungen der Königlich-Sächsischen Gesellschaft der Wissenschaften ; 15,6
Sprache	ger

1705/Sommerfeld Neu 1260

Autor/Hrsg.	Neumann, Carl
Titel-Stichwort	Beiträge zum Studium der Randwertaufgaben
Von	von C. Neumann
Verl.-Ort	Leipzig
Verlag	Teubner
Jahr	1920
Umfang	XVIII S., S. 372 - 720 : graph. Darst.
Gesamttitel	Sächsische Akademie der Wissenschaften <Leipzig> / Mathematisch-Physische Klasse: Abhandlungen der Mathematisch-Physischen Klasse der Sächsischen Akademie der Wissenschaften ; 35,7
Sprache	ger
Schlagwort	Randwertproblem

1705/Sommerfeld Neu 1262

Autor/Hrsg.	Neumann, Carl
Titel-Stichwort	Untersuchungen über das logarithmische und Newton'sche Potential
Von	von C. Neumann
Verl.-Ort	Leipzig
Verlag	Teubner
Jahr	1877
Umfang	XV, 368 S. : graph. Darst.

1705/Sommerfeld Neu 1263

Autor/Hrsg.	Neumann, Carl
Titel-Stichwort	Allgemeine Untersuchungen über das Newton'sche Princip der Fernwirkungen
Untertitel	mit besonderer Rücksicht auf die elektrischen Wirkungen
Von	von C. Neumann
Verl.-Ort	Leipzig
Verlag	Teubner
Jahr	1896
Umfang	XXI, 292 S.

Sprache ger

1705/Sommerfeld Neu 1264
Autor/Hrsg.   Neumann, Franz Ernst
Titel-Stichwort   Galvanismus
Untertitel   Vortrag
Von   von Neumann
Verl.-Ort   [s.l.]
Jahr   [s.a.]
Umfang   66 S.
Fussnote   Manuskript in dt. Schr. .-Fingierter Titel.-Für andere Bibliotheken nicht zu benutzen !
Sprache   ger

1705/Sommerfeld Neu 162
Autor/Hrsg.   Neumann, Carl
Titel-Stichwort   Über die Kugelfunctionen P_n und Q_n
Untertitel   inbesondere über die Entwicklung der Ausdrücke ...
Von   von C. Neumann
Verl.-Ort   Leipzig
Verlag   Hirzel
Jahr   1887
Umfang   S. 404 - 475 : graph. Darst.
Gesamttitel   Königlich-Sächsische Gesellschaft der Wissenschaften / Mathematisch-Physische Klasse: [Abhandlungen der Mathematisch-Physischen Klasse der Königlich-Sächsischen Gesellschaft der Wissenschaften] ; 13,5
Gesamttitel   Königlich-Sächsische Gesellschaft der Wissenschaften: Abhandlungen der Königlich-Sächsischen Gesellschaft der Wissenschaften ; 22,5
Sprache   ger

1705/Sommerfeld Neu 163
Autor/Hrsg.   Neumann, Carl
Titel-Stichwort   Ueber die nach Kreis-, Kugel- und Cylinder-Functionen fortschreitenden Entwickelungen, unter durchgängiger Anwendung des du Bois-Reymond'schen Mittelwerthsatzes
Von   von C. Neumann

Verl.-Ort	Leipzig
Verlag	Teubner
Jahr	1881
Umfang	VII, 140 S.
Sprache	ger

1705/Sommerfeld Neu 167

Autor/Hrsg.	Neumann, Carl
Titel-Stichwort	Vorlesungen über Riemann's Theorie der Abel'schen Integrale
Von	von C. Neumann
Ausgabe	2., vollständig umgearb. u. wesentlich verm. Aufl.
Verl.-Ort	Leipzig
Verlag	Teubner
Jahr	1884
Umfang	XIV, 472 S., 1 Bl. : Ill., graph. Darst.
Sprache	ger
Schlagwort	Abelsches Integral / Riemannsche Geometrie

1705/Sommerfeld Neu 169

Band	1
Titel-Stichwort	Die durch die Arbeiten von A. Ampère und F. Neumann angebahnte Richtung
Jahr	1873
Umfang	XV, 272 S. : Ill.

1705/Sommerfeld Neu 175

Autor/Hrsg.	Neumann, Carl
Titel-Stichwort	Theorie der Elektricitäts- und Wärmevertheilung in einem Ringe
Von	von Carl Neumann
Verl.-Ort	Halle
Verlag	Verl. d. Buchh. d. Waisenhauses
Jahr	1864
Umfang	VIII, 51 S.
Sprache	ger

1705/Sommerfeld Neu 176

Autor/Hrsg.	Neumann, Franz Ernst
Titel-Stichwort	Theorie der doppelten Strahlenbrechung, abgeleitet aus den Gleichungen der Mechanik
Hrsg./Bearb.	Wangerin, Albert
Untertitel	(1832)
Von	von F. E. Neumann. Hrsg. von A. Wangerin
Verl.-Ort	Leipzig
Verlag	Engelmann
Jahr	1896
Umfang	52 S.
Gesamttitel	Ostwald's Klassiker der exakten Wissenschaften ; 76

1705/Sommerfeld Neu 179

Autor/Hrsg.	Neumann, Carl
Titel-Stichwort	Untersuchungen über das logarithmische und Newton'sche Potential
Von	von C. Neumann
Verl.-Ort	Leipzig
Verlag	Teubner
Jahr	1877
Umfang	XV, 368 S. : graph. Darst.
Regensbg.Syst.	SK 540

1705/Sommerfeld Neu 1945

Autor/Hrsg.	Neumann, Franz Ernst
Titel-Stichwort	Theorie der doppelten Strahlenbrechung, abgeleitet aus den Gleichungen der Mechanik
Hrsg./Bearb.	Wangerin, Albert
Untertitel	(1832)
Von	von F. E. Neumann. Hrsg. von A. Wangerin
Verl.-Ort	Leipzig
Verlag	Engelmann
Jahr	1896
Umfang	52 S.
Gesamttitel	Ostwald's Klassiker der exakten Wissenschaften ; 76

1705/Sommerfeld Neu 387

Autor/Hrsg.	Neumann, Carl
Titel-Stichwort	Die Vertheilung der Elektricität auf einer Kugelcalotte
Von	von C. Neumann
Verl.-Ort	Leipzig
Verlag	Hirzel
Jahr	1883
Umfang	S.402 - 456 : graph.Darst.
Gesamttitel	Königlich-Sächsische Gesellschaft der Wissenschaften / Mathematisch-Physische Klasse: [Abhandlungen der Mathematisch-Physischen Klasse der Königlich-Sächsischen Gesellschaft der Wissenschaften] ; 12,6
Gesamttitel	Königlich-Sächsische Gesellschaft der Wissenschaften: Abhandlungen der Königlich-Sächsischen Gesellschaft der Wissenschaften ; 20,6

1705/Sommerfeld Neu 77

Autor/Hrsg.	Neumann, Ernst R.
Titel-Stichwort	Vorlesungen zur Einführung in die Relativitätstheorie
Verl.-Ort	Jena
Verlag	Jena
Jahr	1922

1705/Sommerfeld New 1268

Autor/Hrsg.	Newcomb, Simon
Autor/Hrsg.	Engelmann, Rudolph
Titel-Stichwort	Populäre Astronomie
Hrsg./Bearb.	Ludendorff, H.
Von	Newcomb-Engelmann
Ausgabe	6. Aufl. / hrsg. von H. Ludendorff
Verl.-Ort	Leipzig
Verlag	Engelmann
Jahr	1921
Umfang	XII, 889 S. : graph. Darst.
Sprache	ger
Schlagwort	Astronomie

1705/Sommerfeld New 147

Band	1
Gesamttitel	... ; 96
Autor/Hrsg.	Newton, Isaac
Titel-Stichwort	Optik/1
Jahr	(1898)
Umfang	132 S.
Ill.	Ill., graph. Darst.
Sprache	ger

1705/Sommerfeld New 147/2/3

Band	2/3
Gesamttitel	... ; 97
Autor/Hrsg.	Newton, Isaac
Titel-Stichwort	Optik/2/3
Jahr	1898
Umfang	156 S.
Ill.	graph. Darst.
Sprache	ger

1705/Sommerfeld New 147+2

Band	1
Gesamttitel	... ; 96
Autor/Hrsg.	Newton, Isaac
Titel-Stichwort	Optik/1
Jahr	(1898)
Umfang	132 S.
Ill.	Ill., graph. Darst.
Sprache	ger

1705/Sommerfeld New 410

Titel-Stichwort	Abhandlungen über jene Grundsätze der Mechanik, die Integrale der Differentialgleichungen liefern
Hrsg./Bearb.	Newton, Isaac
Hrsg./Bearb.	Bernoulli, Daniel
Hrsg./Bearb.	Arcy, Patrice d'

Hrsg./Bearb.	Jourdain, Philip E. B.
Von	von Isaac Newton, Daniel Bernoulli und Patrick d'Arcy. Hrsg. von Philip E. B. Jourdain
Verl.-Ort	Berlin
Verlag	Engelmann
Jahr	1914
Umfang	109 S.
Ill.	Ill.
Gesamttitel	Ostwalds Klassiker der exakten Wissenschaften ; 191
Fussnote	Aus dem Lat. und Franz. übers.
Sprache	ger
Schlagwort	Mechanik
Schlagwort2	Differentialgleichung / Mechanik
Schlagwort3	Integral / Differentialgleichung / Mechanik

1705/Sommerfeld Nie 1273

Autor/Hrsg.	Nielsen, Niels
Titel-Stichwort	Handbuch der Theorie der Cylinderfunktionen
Verl.-Ort	Leipzig
Verlag	Teubner
Jahr	1904
Umfang	XII, 407 S.
Schlagwort	Bessel-Funktionen

1705/Sommerfeld Nie 357

Autor/Hrsg.	Nielsen, Niels
Titel-Stichwort	Handbuch der Theorie der Cylinderfunktionen
Verl.-Ort	Leipzig
Verlag	Teubner
Jahr	1904
Umfang	XII, 407 S.
Regensbg.Syst.	SK 680
Schlagwort	Bessel-Funktionen

1705/Sommerfeld Nie 358

Autor/Hrsg.	Nielsen, Niels
Titel-Stichwort	Handbuch der Theorie der Gammafunktion
Von	von Niels Nielsen
Verl.-Ort	Leipzig
Verlag	Teubner
Jahr	1906
Umfang	X, 326 S.
Fussnote	Literaturangaben

1705/Sommerfeld Nie 442

Autor/Hrsg.	Nielsen, Niels
Titel-Stichwort	Theorie des Integrallogarithmus und verwandter Transzendenten
Von	von Niels Nielsen
Verl.-Ort	Leipzig
Verlag	Teubner
Jahr	1906
Umfang	VI, 106 S.
Sprache	ger

1705/Sommerfeld Nig 1275

Band	1
Titel-Stichwort	Allgemeine Mineralogie
Ausgabe	2. Aufl.
Jahr	1924
Umfang	XVI, 712 S. : Ill., graph. Darst.

1705/Sommerfeld Nig 590

Geometrische Kristallographie des Diskontinuums/I. Teil

Band	I. Teil
Autor/Hrsg.	Niggli, Paul
Titel-Stichwort	Geometrische Kristallographie des Diskontinuums/I. Teil
Jahr	1918
Umfang	VIII, 288 S.
Ill.	zahlr. Ill.
Sprache	ger

Geometrische Kristallographie des Diskontinuums/[2]

Band	[2]
Autor/Hrsg.	Niggli, Paul
Titel-Stichwort	Geometrische Kristallographie des Diskontinuums/[2]
Jahr	1919
Umfang	XI S., S. 289 - 576
Ill.	Ill.
Sprache	ger

1705/Sommerfeld Nob 190

Titel-Stichwort	Statuten
Institution	Nobelstiftelsen
HSTUrheber	Nobelstiftelsen
Untertitel	gegeben zu Stockholm im Kgl. Schloss am 29. Juni 1900
Verl.-Ort	Stockholm
Jahr	1901
Umfang	23, 4 S.
Originaltitel	Grundstadgar <dt.>
Sprache	Ger

1705/Sommerfeld Nor 510

Autor/Hrsg.	Nordheim, Lothar
Titel-Stichwort	Die Theorie der thermoelektrischen Effekte
Untertitel	Legierungen, unvollständige Ketten, Benedickseffekt
Von	von Lothar Nordheim
Verl.-Ort	Paris
Verlag	Hermann
Jahr	1934
Umfang	23, 3 S.
Gesamttitel	Actualités scientifiques et industrielles ; 131
Gesamttitel	Réunion internationale de chimie-physique ; 15
Sprache	ger

1705/Sommerfeld Obe 1279

Autor/Hrsg.	Oberdorfer, Günther
Titel-Stichwort	Das Rechnen mit symmetrischen Komponenten
Untertitel	ein Lehrbuch für Elektroingenieure und Elektrotechniker
Von	von Günther Oberdorfer
Verl.-Ort	Leipzig u.a.
Verlag	Teubner
Jahr	1929
Umfang	IV, 74 S.
Ill.	Ill.
Gesamttitel	Sammlung mathematisch-physikalischer Lehrbücher ; 26.
Sprache	ger
Schlagwort	Mehrphasensystem / Berechnung
Schlagwort2	Elektrotechnik / Berechnung
Schlagwort3	Elektrotechnik / Rechnen

1705/Sommerfeld Oca 1285

Autor/Hrsg.	Ocagne, Maurice d'
Titel-Stichwort	Le calcul simplifié par les procès mécaniques et graphiques
Untertitel	conférences faites au Conservatoire National des arts et métiers, les 26 février, 5 et 19 mars 1893
Von	par Maurice d'Ocagne
Verl.-Ort	Paris
Verlag	Gauthier-Villars
Jahr	1894
Umfang	118, II S.
Ill.	Ill., graph. Darst.
Fussnote	Aus :Annales du Conservatoire des Arts et Métiers ; 2. Sér. 5/6.1893/94
Sprache	fre

1705/Sommerfeld Oer 163

Autor/Hrsg.	Ørsted, Hans Christian
Autor/Hrsg.	Seebeck, Thomas Johann
Titel-Stichwort	Zur Entdeckung des Elektromagnetismus
Untertitel	Abhandlungen, 1820 - 1821
Von	von Hans Christian Oersted u. Thomas Johann Seebeck

Verl.-Ort	Leipzig
Verlag	Engelmann
Jahr	1895
Umfang	83 S.
Gesamttitel	Ostwalds Klassiker der exakten Wissenschaften ; 63
Schlagwort	Elektromagnetismus

1705/Sommerfeld Ohm 996

Titel-Stichwort	Das Grundgesetz des elektrischen Stromes
Hrsg./Bearb.	Ohm, Georg Simon
Hrsg./Bearb.	Fechner, Gustav Theodor
Hrsg./Bearb.	Piel, C.
Untertitel	drei Abhandlungen
Von	von Georg Simon Ohm und Gustav Theodor Fechner. Hrsg. von C. Piel
Verl.-Ort	Leipzig
Verlag	Akad. Verl.-Ges.
Jahr	1938
Umfang	45 S. : Ill., graph. Darst.
Gesamttitel	Ostwalds Klassiker der exakten Wissenschaften ; 244
Schlagwort	Ohmsches Gesetz <Elektrizitätslehre>

1705/Sommerfeld Orl 413

Autor/Hrsg.	Orlich, Ernst
Titel-Stichwort	Kapazität und Induktivität
Untertitel	ihre Begriffsbestimmung, Berechnung und Messung
Von	von Ernst Orlich, Prof. und Mitglied der Physikalisch-Technischen Reichsanstalt
Verl.-Ort	Braunschweig
Verlag	Vieweg
Jahr	1909
Umfang	XII, 294 S., [1] Faltbl. : Ill., graph. Darst.
Gesamttitel	Elektrotechnik in Einzeldarstellungen ; 14
Sprache	ger

1705/Sommerfeld Orn 1286

Titel-Stichwort	L. S. Ornstein
Hrsg./Bearb.	Ornstein, Leonard Salomon

Untertitel	a survey of his work from 1908 to 1933
Von	dedicated to him by his fellow-workers and pupils
Verl.-Ort	Utrecht
Jahr	1933
Umfang	121 S.
Ill.	Ill. graph. Darst.
Sprache	eng

1705/Sommerfeld Ort 1295

Autor/Hrsg.	Ortvay, Rudolf
Titel-Stichwort	Bevezetés az anyag korpuszkuláris elméletébe
Untertitel	elsö rész : I. Kinetikai gázelmélet. II. Statisztikai mechanika. III. A quantumelmélet alapvonalai
Von	irta Ortvay Rudolf
Verl.-Ort	Budapest
Verlag	Kiadja a Magyar tudományos Akadémia
Jahr	1927
Umfang	VIII, 294 S.
Ill.	Ill.
Sprache	hun

1705/Sommerfeld Osg 1297

Autor/Hrsg.	Osgood, William F.
Titel-Stichwort	Advanced calculus
Verl.-Ort	New York
Verlag	Macmillan
Jahr	1925
Umfang	XVI,530 S.

1705/Sommerfeld Osg 2459

Band	1
Gesamttitel	... ; 20,1
Autor/Hrsg.	Osgood, William F.
Titel-Stichwort	Lehrbuch der Funktionentheorie/1
Ausgabe	2. Aufl.
Jahr	1912

Umfang	XII, 766 S.

1705/Sommerfeld Ost 1316

Autor/Hrsg.	Ostwald, Wilhelm
Titel-Stichwort	Goethe, Schopenhauer und die Farbenlehre
Von	von Wilhelm Ostwald
Verl.-Ort	Leipzig
Verlag	Verl. Unesma
Jahr	1918
Umfang	VI, 145 S.
Sprache	ger

1705/Sommerfeld Par 448

Band	1,1
Titel-Stichwort	Bd. 1, Repertorium der höheren Analysis ; 1. Hälfte, Algebra, Differential- und Integralrechnung
Ausgabe	2., völlig umgearb. Aufl. der dt. Ausg. / hrsg. von Paul Epstein
Jahr	1910
Umfang	XV, 527 S.

1705/Sommerfeld Pas 101

Autor/Hrsg.	Pasteur, Louis
Titel-Stichwort	Über die Asymmetrie bei natürlich vorkommenden organischen Verbindungen
Untertitel	2 Vorträge gehalten am 20. Januar und 3. Februar 1860 in der Société Chimique zu Paris
Von	von L. Pasteur
Verl.-Ort	Leipzig
Verlag	Engelmann
Jahr	1891
Umfang	36 S.
Gesamttitel	Ostwald's Klassiker der exakten Wissenschaften ; 28
Sprache	ger

1705/Sommerfeld Pas 1318

Band	1
Titel-Stichwort	Die Analysis

Ausgabe	Autoris. dt. Ausg. nach einer neuen Bearb. des Originals / von A. Schepp
Jahr	1900
Umfang	XII, 638 S.

1705/Sommerfeld Pas 1320

Band	2
Titel-Stichwort	Die Geometrie
Ausgabe	Autoris. dt. Ausg. nach einer neuen Bearb. des Originals / von A. Schepp
Jahr	1902
Umfang	IX, 712 S.

1705/Sommerfeld Pas 1329

Autor/Hrsg.	Pascal, Ernesto
Titel-Stichwort	Die Variationsrechnung
Von	Ernst Pascal
Ausgabe	Autoris. dt. Ausg. / von Adolf Schepp
Verl.-Ort	Leipzig
Verlag	Teubner
Jahr	1899
Umfang	VI, 146 S.
Originaltitel	Calcolo delle variazioni <dt.>

1705/Sommerfeld Pas 1334

Autor/Hrsg.	Pascal, Ernesto
Titel-Stichwort	Die Determinanten
Untertitel	eine Darstellung ihrer Theorie und Anwendungen mit Rücksicht auf die neueren Forschungen
Von	Ernesto Pascal
Ausgabe	Berecht. dt. Ausg. / von Hermann Leitzmann
Verl.-Ort	Leipzig
Verlag	Teubner
Jahr	1900
Umfang	XVI, 266 S.
Gesamttitel	B. G. Teubners Sammlung von Lehrbüchern auf dem Gebiete der mathematischen Wissenschaften ; 3
Originaltitel	I determinanti <dt.>

Sprache	ger
Schlagwort	Determinante

1705/Sommerfeld Pas 1336

Autor/Hrsg.	Pascal, Ernesto
Titel-Stichwort	Calcolo delle variazioni e calcole delle differenze finite
Verl.-Ort	Milano
Verlag	Hoepli
Jahr	1897
Umfang	XII, 330 S. 8"
Gesamttitel	Lezioni di calcolo infinitesimale / [Ernesto] Pascal ; 3
Gesamttitel	Manuali Hoepli ; 248/249

1705/Sommerfeld Pas 1337

Autor/Hrsg.	Paschen, Friedrich
Autor/Hrsg.	Götze, Richard
Titel-Stichwort	Seriengesetze der Linienspektren
Von	ges. von F. Paschen und R. Götze
Verl.-Ort	Berlin
Verlag	Springer
Jahr	1922
Umfang	154 S. : graph. Darst.
Schlagwort	Spektrallinie

1705/Sommerfeld Pas 1346

Titel-Stichwort	Friedrich Paschen zu seinem 60. Geburtstage am 22. Januar 1925
gefeierte Pers.	Paschen, Friedrich
Untertitel	dargebracht von Schülern und Freunden
Jahr	[1925]
Umfang	S. [109] - 332
Ill.	Ill., graph. Darst.
Fussnote	Aus: Annalen der Physik : 4. Folge ; 76,2/3
Sprache	ger

1705/Sommerfeld Pay 725

Autor/Hrsg.	Gaposchkin, Cecilia Helena Payne
Titel-Stichwort	Stellar atmospheres
Untertitel	a contribution to the observational study of high temperature in the reversing layers of stars
Von	by Cecilia H. Payne
Verl.-Ort	Cambridge, Mass.
Verlag	Observatory
Jahr	1925
Umfang	IX, 215 S.
Gesamttitel	Harvard College <Cambridge, Mass.> / Observatory: Harvard Observatory monographs ; 1

1705/Sommerfeld Pei 1355

Autor/Hrsg.	Mills Peirce, James
Titel-Stichwort	Mathematical tables
Untertitel	chiefly to four figures
Von	by James Mills Peirce
Ausgabe	1. Series
Verl.-Ort	Boston [u.a.]
Verlag	Ginn & Company
Jahr	1879
Umfang	45 S.
Sprache	eng

1705/Sommerfeld Pei 2188

Autor/Hrsg.	Peirce, Benjamin O.
Titel-Stichwort	A short table of integrals
Von	by B. O. Peirce
Ausgabe	Rev. ed.
Verl.-Ort	Boston, MA
Verlag	The Athenaeum Press
Jahr	1902
Umfang	134 S.
Sprache	eng

1705/Sommerfeld Per 1363

Autor/Hrsg.	Perry, John
Titel-Stichwort	Drehkreisel
Untertitel	volkstümlicher Vortrag, gehalten in einer Versammlung der "British Association" in Leeds
Ausgabe	2., verb. u. erw. Aufl.
Verl.-Ort	Leipzig
Verlag	Teubner
Jahr	1913

1705/Sommerfeld Per 574

Autor/Hrsg.	Perrin, Jean
Titel-Stichwort	Die Brown'sche Bewegung und die wahre Existenz der Moleküle
Von	von J. Perrin
Verl.-Ort	Dresden
Verlag	Steinkopff
Jahr	1910
Umfang	84 S.
Ill.	graph. Darst.
Fussnote	Aus: Kolloidchemische Beihefte ; 1. - Aus d. Franz. übers.
Sprache	ger
Schlagwort	Brownsche Bewegung

1705/Sommerfeld Per 575

Autor/Hrsg.	Perrin, Jean
Titel-Stichwort	Die Atome
Verl.-Ort	Dresden u.a.
Verlag	Steinkopff
Jahr	1914
Umfang	XX, 196 S. : Ill., graph. Darst.
Fussnote	EST: Les atomes (dt.)
Schlagwort	Kernphysik
Schlagwort2	Atomphysik

1705/Sommerfeld Pet 1369

Autor/Hrsg.	Petrović, Mihailo
Titel-Stichwort	Durées physiques
Untertitel	indépendantes des dimensions spatiales
Von	par Michel Petrovitch
Druckort	Zurich
Drucker	Frey
Jahr	1924
Umfang	28 S.
Sprache	fre

1705/Sommerfeld Pet 1370

Autor/Hrsg.	Pettersson, Hans
Autor/Hrsg.	Kirsch, Gerhard
Titel-Stichwort	Atomzertrümmerung
Untertitel	Verwandlung der Elemente durch Bestrahlung mit Alpha-Teilchen
Von	von Hans Pettersson und Gerhard Kirsch
Verl.-Ort	Leipzig
Verlag	Akad. Verl.-Ges.
Jahr	1926
Umfang	VII, 247 S. : Ill., graph. Darst.
Schlagwort	Kernspaltung
Schlagwort2	Kernphysik

1705/Sommerfeld Pet 1376

Autor/Hrsg.	Petzoldt, Joseph
Titel-Stichwort	Die Stellung der Relativitätstheorie in der geistigen Entwicklung der Menschheit
Von	von Joseph Petzoldt
Ausgabe	2., verb. u. verm. Aufl.
Verl.-Ort	Leipzig
Verlag	Barth
Jahr	1923
Umfang	VII, 98 S.
Sprache	ger

1705/Sommerfeld Pet 609

Autor/Hrsg.	Petzoldt, Joseph
Titel-Stichwort	Die Stellung der Relativitätstheorie in der geistigen Entwicklung der Menschheit
Von	von Joseph Petzoldt
Verl.-Ort	Dresden
Verlag	Sibyllen-Verl.
Jahr	1921
Umfang	131 S.
Sprache	ger
Schlagwort	Relativitätstheorie

1705/Sommerfeld Pfa 2677

Autor/Hrsg.	Pfaff, Johann Friedrich
Titel-Stichwort	Allgemeine Methode, partielle Differentialgleichungen zu integriren
Von	von Johann Friedrich Pfaff
Verl.-Ort	Leipzig
Verlag	Engelmann
Jahr	1902
Umfang	84 S.
Gesamttitel	Ostwalds Klassiker der exakten Wissenschaften ; 129
Fussnote	Aus dem Lat. übers. - Aus: Abhandlungen der königlichen. Akademie der Wissenschaften zu Berlin, 1815
Originaltitel	Methodus generalis, aequationes differentiarum partialium, nec non aequationes differentiales vulgares, utrasque primi ordinis, inter quotcunque variabiles, complete integrandi <dt.>
Sprache	ger
Schlagwort	Partielle Differentialgleichung

1705/Sommerfeld Pla 1278

Autor/Hrsg.	Planck, Max
Titel-Stichwort	Sinn und Grenzen der exakten Wissenschaft
Untertitel	Vortrag, gehalten zuerst im November 1941 im Goethe-Saal des Harnack-Hauses der Kaiser-Wilhelm-Gesellschaft zur Förderung der Wissenschaften zu Berlin
Von	von Max Planck
Verl.-Ort	Leipzig
Verlag	Barth

Jahr	1942
Umfang	33 S.
Sprache	ger
Schlagwort	Exakte Wissenschaften / Philosophie
Schlagwort2	Planck, Max

1705/Sommerfeld Pla 1379

Autor/Hrsg.	Placzek, George
Titel-Stichwort	Rayleigh-Streuung und Raman-Effekt
Untertitel	mit 20 Figuren
Von	von G. Placzek
Verl.-Ort	Leipzig
Verlag	Akad. Verlagsges.
Jahr	1934
Umfang	S. 206 - 374
Sprache	ger

1705/Sommerfeld Pla 1384

Autor/Hrsg.	Planck, Max
Titel-Stichwort	Acht Vorlesungen über theoretische Physik
Untertitel	gehalten an der Columbia University in the City of New York im Frühjahr 1909
Von	von Max Planck
Verl.-Ort	Leipzig
Verlag	Hirzel
Jahr	1910
Umfang	127 S. : graph. Darst.
Sprache	ger
Schlagwort	Theoretische Physik

1705/Sommerfeld Pla 1385

Autor/Hrsg.	Planck, Max
Titel-Stichwort	Physikalische Rundblicke
Untertitel	gesammelte Reden und Aufsätze
Von	von Max Planck
Verl.-Ort	Leipzig
Verlag	Hirzel

Jahr	1922
Umfang	168 S.
Schlagwort	Physik

1

1705/Sommerfeld Pla 1386

Autor/Hrsg.	Planck, Max
Titel-Stichwort	Max Planck in seinen Akademieansprachen
SBKAnsetz	Deutsche Akademie der Wissenschaften <Berlin, Ost>
Untertitel	Erinnerungsschrift der Deutschen Akademie der Wissenschaften zu Berlin
Verl.-Ort	Berlin
Verlag	Akad.-Verl.
Jahr	1948
Umfang	204 S. : Ill.
Sprache	ger
Schlagwort	Planck, Max

1705/Sommerfeld Pla 1387

Autor/Hrsg.	Planck, Max
Titel-Stichwort	Vorlesungen über die Theorie der Wärmestrahlung
Ausgabe	4., abermals umgearb. Aufl.
Verl.-Ort	Leipzig
Verlag	Barth
Jahr	1921
Umfang	X, 224 S. : graph. Darst.
Schlagwort	Wärmestrahlung

1705/Sommerfeld Pla 1391

Autor/Hrsg.	Planck, Max
Titel-Stichwort	Wissenschaftliche Selbstbiographie
Hrsg./Bearb.	Laue, Max von
Von	Max Planck
Beigef. Werk	Mit der von Max von Laue gehaltenen Traueransprache
Verl.-Ort	Leipzig
Verlag	Barth
Jahr	1948
Umfang	33 S.

Ill.	Portr.
Format	20 cm
Sprache	ger
Schlagwort	Planck, Max
Schlagwort2	Planck, Max / Autobiographie

1705/Sommerfeld Pla 1392

Autor/Hrsg.	Planck, Max
Titel-Stichwort	Die Physik im Kampf um die Weltanschauung
Untertitel	Vortrag gehalten am 6. März 1935 im Harnack-Haus Berlin-Dahlem
Von	von Max Planck
Ausgabe	2., unveränd. Aufl.
Verl.-Ort	Leipzig
Verlag	Barth
Jahr	1935
Umfang	32 S.
Format	21 cm
Sprache	ger
Schlagwort	Physik / Weltanschauung

1705/Sommerfeld Pla 1393

Autor/Hrsg.	Planck, Max
Titel-Stichwort	Vom Relativen zum Absoluten
Untertitel	Gastvorlesung, gehalten in der Universität München am. 1. Dez. 1924
Verl.-Ort	Leipzig
Verlag	Hirzel
Jahr	1925
Umfang	24 S.

1705/Sommerfeld Pla 1394

Autor/Hrsg.	Planck, Max
Titel-Stichwort	Determinismus oder Indeterminismus?
Untertitel	Vortrag
Von	von Max Planck
Ausgabe	2., unveränd. Aufl.
Verl.-Ort	Leipzig

Verlag	Barth
Jahr	1948
Umfang	29 S.
Sprache	ger

1705/Sommerfeld Pla 1395

Autor/Hrsg.	Planck, Max
Titel-Stichwort	Vom Wesen der Willensfreiheit
Untertitel	nach einem Vortrag in der Ortsgruppe Leipzig der Deutschen Philosophischen Gesellschaft am 27. November 1936
Von	von Max Planck
Ausgabe	5., mit der 4. übereinstimmende Aufl., [Bindeeinheit]
Verl.-Ort	Leipzig
Verlag	Barth
Jahr	1948
Umfang	30 S.
Regensbg.Syst.	CC 6300
Schlagwort	Willensfreiheit

1705/Sommerfeld Pla 1396

Autor/Hrsg.	Planck, Max
Titel-Stichwort	Der Kausalbegriff in der Physik
Von	von Max Planck
Ausgabe	4. unveränd. Aufl.
Verl.-Ort	Leipzig
Verlag	Barth
Jahr	1948
Umfang	22 S.
Sprache	ger

1705/Sommerfeld Pla 1397

Autor/Hrsg.	Planck, Max
Titel-Stichwort	Die Physik im Kampf um die Weltanschauung
Untertitel	Vortrag, gehalten am 6. März 1935 im Harnack-Haus Berlin-Dahlem
Ausgabe	5., unveränd. Aufl.
Verl.-Ort	Leipzig

Verlag	Barth
Jahr	1948
Umfang	29 S.
Sprache	ger

1705/Sommerfeld Pla 1398

Band	4.1948,4
Titel-Stichwort	Physikalische Blätter/4.1948,4

1705/Sommerfeld Pla 1422

Autor/Hrsg.	Planck, Max
Titel-Stichwort	Das Weltbild der neuen Physik
Von	von Max Planck
Ausgabe	10., unveränd. Aufl.
Verl.-Ort	Leipzig
Verlag	Barth
Jahr	1947
Umfang	46 S.
Sprache	ger

1705/Sommerfeld Pla 1451

Autor/Hrsg.	Planck, Max
Titel-Stichwort	Wissenschaftliche Selbstbiographie
Hrsg./Bearb.	Laue, Max von
Von	Max Planck
Beigef. Werk	Mit der von Max von Laue gehaltenen Traueransprache
Verl.-Ort	Leipzig
Verlag	Barth
Jahr	1948
Umfang	33 S.
Ill.	Portr.
Format	20 cm
Sprache	ger
Schlagwort	Planck, Max
Schlagwort2	Planck, Max / Autobiographie

1705/Sommerfeld Pla 1575

Autor/Hrsg.	Planck, Max
Titel-Stichwort	Vorträge und Erinnerungen
Von	Max Planck
Ausgabe	5. Aufl., Volksausg.
Verl.-Ort	Stuttgart
Verlag	Hirzel
Jahr	1949
Umfang	VI, 380 S.
Ill.	Ill.
Fussnote	1. - 4. Aufl. u.d.T.: Planck, Max: Wege zur physikalischen Erkenntnis
Schlagwort	Physik

1705/Sommerfeld Pla 181

Autor/Hrsg.	Planck, Max
Titel-Stichwort	Das Princip der Erhaltung der Energie
Untertitel	von der Philosophischen Facultät Göttingen preisgekrönt
Von	von Max Planck
Verl.-Ort	Leipzig
Verlag	Teubner
Jahr	1887
Umfang	XII, 247 S.
Sprache	ger

1705/Sommerfeld Pla 191

Autor/Hrsg.	Planck, Max
Titel-Stichwort	Grundriss der allgemeinen Thermochemie
Von	von Max Planck
Verl.-Ort	Breslau
Verlag	Trewendt
Jahr	1893
Umfang	IV, 162 S.
Fussnote	Enth.: Der Kern des zweiten Hauptsatzes der Wärmetheorie. - Aus: Handwörterbuch der Chemie / Albert Ladenburg ; 11
Sprache	ger

1705/Sommerfeld Pla 191

Autor/Hrsg.	Planck, Max
Titel-Stichwort	Grundriss der allgemeinen Thermochemie
Von	von Max Planck
Verl.-Ort	Breslau
Verlag	Trewendt
Jahr	1893
Umfang	IV, 162 S.
Fussnote	Enth.: Der Kern des zweiten Hauptsatzes der Wärmetheorie. - Aus: Handwörterbuch der Chemie / Albert Ladenburg ; 11
Sprache	ger

1705/Sommerfeld Pla 199

Titel-Stichwort	Vorträge über die kinetische Theorie der Materie und der Elektrizität
Hrsg./Bearb.	Planck, Max
Untertitel	gehalten in Göttingen auf Einladung der Kommission der Wolfskehrstiftung
Von	von M. Planck ...
Verl.-Ort	Leipzig u.a.
Verlag	Teubner
Jahr	1914
Umfang	IV, 196 S.
Gesamttitel	Universität <Göttingen>: Mathematische Vorlesungen an der Universität Göttingen ; 6

1705/Sommerfeld Pla 2189

Band	1
Titel-Stichwort	Einführung in die allgemeine Mechanik
Ausgabe	4. Aufl.
Jahr	1928
Umfang	VII, 226 S. : graph. Darst.

1705/Sommerfeld Pla 2190

Band	2
Titel-Stichwort	Einführung in die Mechanik deformierbarer Körper
Ausgabe	3. Aufl.

Jahr	1931
Umfang	193 S. : graph. Darst.

1705/Sommerfeld Pla 2192

Band	4
Titel-Stichwort	Einführung in die theoretische Optik
Ausgabe	2. Aufl.
Jahr	1931
Umfang	VI, 184 S. : graph. Darst.

1705/Sommerfeld Pla 2193

Autor/Hrsg.	Planck, Max
Titel-Stichwort	Einführung in die Theorie der Wärme
Untertitel	zum Gebrauch bei Vorträgen, sowie zum Selbstunterricht
Von	von Max Planck
Verl.-Ort	Leipzig
Verlag	Hirzel
Jahr	1930
Umfang	VI, 251 S. : graph. Darst.
Gesamttitel	Einführung in die theoretische Physik / von Max Planck ; 5
Sprache	ger

1705/Sommerfeld Pla 2310

Autor/Hrsg.	Planck, Max
Titel-Stichwort	Vorlesungen über Thermodynamik
Von	von Max Planck
Ausgabe	8. Aufl.
Verl.-Ort	Berlin [u.a.]
Verlag	de Gruyter
Jahr	1927
Umfang	IX, 287 S. : graph. Darst.
Sprache	ger
Schlagwort	Thermodynamik

1705/Sommerfeld Pla 283

Autor/Hrsg.	Planck, Max
Titel-Stichwort	Die Ableitung des Strahlungsgesetzes
Hrsg./Bearb.	Reiche, Fritz
Untertitel	sieben Abhandlungen aus dem Gebiete der elektromagnetischen Strahlungstheorie
Von	von Max Planck. Mit Anm. vers. von F. Reiche
Verl.-Ort	Leipzig
Verlag	Akad. Verl.-Ges.
Jahr	1923
Umfang	95 S. : Ill.
Gesamttitel	Ostwalds Klassiker der exakten Wissenschaften ; 206
Sprache	ger

1705/Sommerfeld Pla 311

Autor/Hrsg.	Planck, Max
Titel-Stichwort	Vorlesungen über Thermodynamik
Von	von Max Planck
Verl.-Ort	Leipzig
Verlag	Veit
Jahr	1897
Umfang	VI, 248 S. : graph. Darst.
Schlagwort	Thermodynamik

1705/Sommerfeld Pla 427

Autor/Hrsg.	Planck, Max
Titel-Stichwort	Acht Vorlesungen über theoretische Physik
Untertitel	gehalten an der Columbia University in the City of New York im Frühjahr 1909
Von	von Max Planck
Verl.-Ort	Leipzig
Verlag	Hirzel
Jahr	1910
Umfang	127 S. : graph. Darst.
Sprache	ger
Schlagwort	Theoretische Physik

1705/Sommerfeld Pla 487

Autor/Hrsg.	Planck, Max
Titel-Stichwort	Vorlesungen über die Theorie der Wärmestrahlung
Von	von Max Planck
Ausgabe	2., teilw. umgearb. Aufl.
Verl.-Ort	Leipzig
Verlag	Barth
Jahr	1913
Umfang	XII, 206 S. : Ill.
Fussnote	NST: Theorie der Wärmestrahlung
Schlagwort	Wärmestrahlung

1705/Sommerfeld Pla 511

Autor/Hrsg.	Planck, Max
Titel-Stichwort	Vorlesungen über die Theorie der Wärmestrahlung
Von	von Max Planck
Verl.-Ort	Leipzig
Verlag	Barth
Jahr	1906
Umfang	VIII, 222 S. : graph. Darst.
Sprache	ger
Schlagwort	Wärmestrahlung

1705/Sommerfeld Pla 512

Autor/Hrsg.	Planck, Max
Titel-Stichwort	Neue Bahnen der physikalischen Erkenntnis
Untertitel	Rede, geh. beim Antritt d. Rektorats d. Friedrich-Wilhelm-Univ. Berlin am 15. Okt. 1913
Von	von Max Planck
Verl.-Ort	Leipzig
Verlag	Barth
Jahr	1914
Umfang	27 S.

1705/Sommerfeld Pla 534

Titel-Stichwort	Vorträge über die kinetische Theorie der Materie und der Elektrizität
Hrsg./Bearb.	Planck, Max
Untertitel	gehalten in Göttingen auf Einladung der Kommission der Wolfskehrstiftung
Von	von M. Planck ...
Verl.-Ort	Leipzig u.a.
Verlag	Teubner
Jahr	1914
Umfang	IV, 196 S.
Gesamttitel	Universität <Göttingen>: Mathematische Vorlesungen an der Universität Göttingen ; 6

1705/Sommerfeld Pla 593

Autor/Hrsg.	Planck, Max
Titel-Stichwort	Einführung in die Mechanik deformierbarer Körper
Untertitel	zum Gebrauch bei Vorträgen, sowie zum Selbstunterricht
Von	von Max Planck
Verl.-Ort	Leipzig
Verlag	Hirzel
Jahr	1919
Umfang	193 S. : graph. Darst.
Gesamttitel	[Einführung in die theoretische Physik / von Max Planck] ; [2]
Sprache	ger
Schlagwort	Elastische Deformation
Schlagwort2	Kontinuumsmechanik
Schlagwort3	Deformation / Mechanik

1705/Sommerfeld Pla 598

Autor/Hrsg.	Planck, Max
Titel-Stichwort	Das Wesen des Lichts
Untertitel	Vortrag, geh. in der Hauptversamml. der Kaiser-Wilhelm-Ges. am 28. Okt. 1919
Von	von Max Planck
Verl.-Ort	Berlin
Verlag	Springer
Jahr	1920
Umfang	22 S.

1705/Sommerfeld Pla 604

Autor/Hrsg.	Planck, Max
Titel-Stichwort	Die Entstehung und bisherige Entwicklung der Quantentheorie
Untertitel	Nobel-Vortrag, gehalten vor der Königlich Schwedischen Akademie der Wissenschaften zu Stockholm am 2. Juni 1920
Von	von Max Planck
Verl.-Ort	Leipzig
Verlag	Barth
Jahr	1920
Umfang	32 S.
Sprache	ger

1705/Sommerfeld Pla 632

Autor/Hrsg.	Planck, Max
Titel-Stichwort	Einführung in die Theorie der Elektrizität und des Magnetismus
Untertitel	zum Gebrauch bei Vorträgen, sowie zum Selbstunterricht
Von	von Max Planck
Verl.-Ort	Leipzig
Verlag	Hirzel
Jahr	1922
Umfang	IV, 208 S. : graph. Darst.
Gesamttitel	[Einführung in die theoretische Physik / von Max Planck] ; [3]
Sprache	ger
Schlagwort	Elektrizitätslehre / Theorie
Schlagwort2	Magnetismus / Theorie
Schlagwort3	Elektrizität / Theorie

1705/Sommerfeld Pla 794

Autor/Hrsg.	Planck, Max
Titel-Stichwort	Das Weltbild der neuen Physik
Verl.-Ort	Leipzig
Verlag	Barth
Jahr	1929
Umfang	52 S.
Schlagwort	Physik / Philosophie

1705/Sommerfeld Pla 818

Autor/Hrsg.	Planck, Max
Titel-Stichwort	Einführung in die Theorie der Wärme
Untertitel	zum Gebrauch bei Vorträgen, sowie zum Selbstunterricht
Von	von Max Planck
Verl.-Ort	Leipzig
Verlag	Hirzel
Jahr	1930
Umfang	VI, 251 S. : graph. Darst.
Gesamttitel	Einführung in die theoretische Physik / von Max Planck ; 5
Sprache	ger

1705/Sommerfeld Pla 850

Autor/Hrsg.	Planck, Max
Titel-Stichwort	Der Kausalbegriff in der Physik
Von	von Max Planck
Verl.-Ort	Leipzig
Verlag	Barth
Jahr	1932
Umfang	26 S.
Sprache	ger
Schlagwort	Kausalität / Physik

1705/Sommerfeld Pla 877

Autor/Hrsg.	Planck, Max
Titel-Stichwort	Wege zur physikalischen Erkenntnis
Untertitel	Reden und Vorträge
Von	von Max Planck
Verl.-Ort	Leipzig
Verlag	Hirzel
Jahr	1933
Umfang	IX, 280 S.
Sprache	ger
Schlagwort	Physik / Erkenntnis
Schlagwort2	Physik / Philosophie

1705/Sommerfeld Pla 922

Autor/Hrsg.	Planck, Max
Titel-Stichwort	Die Physik im Kampf um die Weltanschauung
Untertitel	Vortrag gehalten am 6. März 1935 im Harnack-Haus Berlin-Dahlem
Von	von Max Planck
Ausgabe	2., unveränd. Aufl.
Verl.-Ort	Leipzig
Verlag	Barth
Jahr	1935
Umfang	32 S.
Format	21 cm
Sprache	ger
Schlagwort	Physik / Weltanschauung

1705/Sommerfeld Pla 978

Autor/Hrsg.	Planck, Max
Titel-Stichwort	Religion und Naturwissenschaft
Untertitel	Vortrag gehalten im Baltikum (Mai 1937)
Von	von Max Planck
Verl.-Ort	Leipzig
Verlag	Barth
Jahr	1938
Umfang	32 S.
Sprache	ger
Schlagwort	Naturwissenschaften / Religion
Schlagwort2	Planck, Max

1705/Sommerfeld Plü 404

Band	1
Titel-Stichwort	Julius Plückers gesammelte mathematische Abhandlungen
Von	hrsg. von A. Schoenflies
Jahr	1895
Umfang	XXXV, 620 S.

1705/Sommerfeld Poh 518

Autor/Hrsg.	Pohl, Robert Wichard
Autor/Hrsg.	Pringsheim, Peter
Titel-Stichwort	Die lichtelektrischen Erscheinungen
Von	von R. Pohl u. P. Pringsheim
Verl.-Ort	Braunschweig
Verlag	Vieweg
Jahr	1914
Umfang	114 S. : graph. Darst.
Gesamttitel	Sammlung Vieweg ; 1
Sprache	ger

1705/Sommerfeld Poi 199

Autor/Hrsg.	Poincaré, Henri
Titel-Stichwort	Die neue Mechanik
Verl.-Ort	Leipzig u.a.
Verlag	Teubner
Jahr	1911
Umfang	22 S.
Fussnote	Aus: Illustrierte naturwiss. Monatsschrift Himmel u. Erde, jg. 23
Schlagwort	Mechanik

1705/Sommerfeld Poi 416

Band	1
Titel-Stichwort	Solutions périodiques, non-existence des intégrales uniformes, solutions asymptotiques
Jahr	1892
Umfang	384 S.

1705/Sommerfeld Poi 417

Band	2
Titel-Stichwort	Méthodes de MM. Newcomb, Gyldén, Linstadt et Bohlin
Jahr	1893
Umfang	VIII, 479 S.

1705/Sommerfeld Poi 419
Band 3
Titel-Stichwort Invariants intégraux, solutions périodiques du deuxième genre, solutionsdoublement asymptotiques
Jahr 1899
Umfang 414 S.

1705/Sommerfeld Poi 420
Autor/Hrsg. Poincaré, Henri
Titel-Stichwort Wissenschaft und Hypothese
Hrsg./Bearb. Lindemann, Ferdinand
Von Henri Poincaré. Mit erl. Anm. von F. und L. Lindemann
Ausgabe Autoris. dt. Ausg.
Verl.-Ort Leipzig
Verlag Teubner
Jahr 1904
Umfang XVI, 342 S.
Gesamttitel Wissenschaft und Hypothese ; 1
Originaltitel La science et l'hypothèse <dt.>
Sprache ger
Schlagwort Wissenschaftstheorie / Hypothese

1705/Sommerfeld Poi 421
Autor/Hrsg. Poincaré, Henri
Titel-Stichwort Sur les équations de la physique mathématique
Von H. Poincaré
Verl.-Ort Palermo
Jahr [1894]
Umfang S. 57 - 155
Fussnote Aus: Rendiconti del Circolo Matematico di Palermo ; 8.1894
Sprache fre

1705/Sommerfeld Poi 488
Autor/Hrsg. Poincaré, Henri
Titel-Stichwort Sur la diffraction des ondes Hertziennes
Von par H. Poincaré

Verl.-Ort	Palermo
Verlag	Circolo Matematico
Jahr	1910
Umfang	92 S.
Ill.	graph. Darst.
Fussnote	Aus : Rendiconti del circolo matematico di Palermo ; 19.1910. - Enthält : Über einige Gleichungen in der Theorie der Hertzschen Wellen / Henri Poincaré (Sonderabdr.)
Sprache	fre

1705/Sommerfeld Poi 514

Autor/Hrsg.	Poincaré, Henri
Titel-Stichwort	Wissenschaft und Hypothese
Von	Henri Poincaré
Ausgabe	3. verb. Aufl.
Verl.-Ort	Leipzig
Verlag	Teubner
Jahr	1914
Umfang	XVII, 357 S.
Gesamttitel	Wissenschaft und Hypothese ; 1
Schlagwort	Wissenschaft / Hypothese

1705/Sommerfeld Pol 139

Autor/Hrsg.	Polvani, Giovanni
Titel-Stichwort	Alessandro Volta
Von	Giovanni Polvani
Verl.-Ort	Pisa
Verlag	Domus Galilaeana
Jahr	1942
Umfang	VIII, 585 S.
Ill.	Ill.
Gesamttitel	Studi di storia delle scienze fisiche e matematiche ; 1
Sprache	ita

1705/Sommerfeld Pol 415
Autor/Hrsg.	Polvani, Giovanni
Titel-Stichwort	Il contributo italiano al progresso della fisica, negli ultimi cento anni
Untertitel	estratto dell'opere "un secolo di progresso scientifico italiano: 1839-1939"
Von	Giovanni Polvani
Verl.-Ort	Roma
Verlag	Soc. ital. per il progresso delle scienze
Jahr	1939
Umfang	S. 556 - 699
Fussnote	Aus : Un secolo di progresso scientifico italiano: 1839-1939 ; Band 1
Sprache	ita

1705/Sommerfeld Pop 1372
Autor/Hrsg.	Popov, Kiril A.
Titel-Stichwort	Das Hauptproblem der äußeren Ballistik im Lichte der modernen Mathematik
Von	von Kyrill Popoff
Verl.-Ort	Leipzig
Verlag	Akad. Verl.-Ges.
Jahr	1932
Umfang	XI, 214 S.
Gesamttitel	Mathematik und ihre Anwendungen in Monographien und Lehrbüchern ; 11

1705/Sommerfeld Pra 1529
Autor/Hrsg.	Prandtl, Wilhelm
Titel-Stichwort	Humphry Davy, Jöns Jacob Berzelius
Untertitel	zwei führende Chemiker aus der ersten Hälfte des 19. Jahrhunderts
Von	von Wilhelm Prandtl
Verl.-Ort	Stuttgart
Verlag	Wiss. Verl.-Ges.
Jahr	1948
Umfang	264 S. : Ill.
Gesamttitel	Große Naturforscher ; 3
Sprache	ger
Schlagwort	Berzelius, Jöns Jacob
Schlagwort2	Davy, Humphry

1705/Sommerfeld Pra 1999

Autor/Hrsg.	Prandtl, Wilhelm
Titel-Stichwort	Das chemische Laboratorium der Bayerischen Akademie der Wissenschaften in München
Von	Wilhelm Prandtl
Jahr	[ca. 1952]
Umfang	S. 82 - 97, [4] Bl.
Ill.	Ill.
Sprache	ger

1705/Sommerfeld Pra 426

Autor/Hrsg.	Prandtl, Wilhelm
Titel-Stichwort	Humphry Davy, Jöns Jacob Berzelius
Untertitel	zwei führende Chemiker aus der ersten Hälfte des 19. Jahrhunderts
Von	von Wilhelm Prandtl
Verl.-Ort	Stuttgart
Verlag	Wiss. Verl.-Ges.
Jahr	1948
Umfang	264 S. : Ill.
Gesamttitel	Große Naturforscher ; 3
Sprache	ger
Schlagwort	Berzelius, Jöns Jacob
Schlagwort2	Davy, Humphry

1705/Sommerfeld Pri 428

Autor/Hrsg.	Pringsheim, Ernst
Titel-Stichwort	Vorlesungen über die Physik der Sonne
Von	von E. Pringsheim
Verl.-Ort	Leipzig [u.a.]
Verlag	Teubner
Jahr	1910
Umfang	VIII, 435 S. : zahlr. Ill, graph. Darst.
Regensbg.Syst.	UB 2475
Schlagwort	Sonne / Physik

1705/Sommerfeld Pri 429

Autor/Hrsg. Pringsheim, Peter
Titel-Stichwort Fluoreszenz und Phosphoreszenz im Lichte der neueren Atomtheorie
Verl.-Ort Berlin
Verlag Springer
Jahr 1921
Umfang VII, 202 S. : graph. Darst.

1705/Sommerfeld Pry 171

Autor/Hrsg. Prym, Friedrich
Autor/Hrsg. Rost, Georg
Titel-Stichwort Theorie der Prym'schen Funktionen erster Ordnung
Untertitel im Anschluss an die Schöpfungen Riemann's
Von von Friedrich Prym und Georg Rost
Verl.-Ort Leipzig
Verlag Teubner
Jahr 1911
Umfang XI, 300 S. : Ill.
Sprache ger
Regensbg.Syst. SK 750
Schlagwort Prym-Funktion

1705/Sommerfeld Ram 378

Autor/Hrsg. Ramsay, William
Titel-Stichwort Die edlen und die radioaktiven Gase
Untertitel Vortrag, gehalten im Österreich. Ingenieur- u. Architekten-Verein zu Wien
Von von William Ramsay
Verl.-Ort Leipzig
Verlag Akad. Verl.-Ges.
Jahr 1908
Umfang 39 S. : Ill., graph. Darst.
Sprache ger

1705/Sommerfeld Ram 430

Autor/Hrsg. Raman, Chandrasekhara Venkata
Titel-Stichwort Molecular diffractions of light

Von	by C. V. Raman
Verl.-Ort	Calcutta
Verlag	Univ. of Calcutta
Jahr	1922
Umfang	X, 103 S.
Sprache	eng

1705/Sommerfeld Rau 194

Autor/Hrsg.	Rausenberger, Otto
Titel-Stichwort	Lehrbuch der Theorie der periodischen Functionen einer Variabeln mit einer endlichen Anzahl wesentlicher Discontinuitätspunkte
Untertitel	nebst einer Einleitung in die allgemeine Functionentheorie
Von	von Otto Rausenberger
Verl.-Ort	Leipzig
Verlag	Teubner
Jahr	1884
Umfang	VIII, 476 S.
Schlagwort	Periodische Funktion

1705/Sommerfeld Ray 436

Band	Vol. 5
Titel-Stichwort	1902 - 1910
Jahr	1912
Umfang	XII, 624 S.
Ill.	Ill., graph. Darst.
Sprache	eng

1705/Sommerfeld Rei 206

Autor/Hrsg.	Reiff, Richard
Titel-Stichwort	Elastizität und Elektrizität
Von	R. Reiff
Verl.-Ort	Freiburg [u.a.]
Verlag	Mohr
Jahr	1893
Umfang	X, 181 S.
Sprache	ger

1705/Sommerfeld Rei 2216

Autor/Hrsg.	Reichenbach, Hans
Titel-Stichwort	Axiomatik der relativistischen Raum-Zeit-Lehre
Von	Hans Reichenbach
Verl.-Ort	Braunschweig
Verlag	Vieweg
Jahr	1924
Umfang	X, 161 S. : graph. Darst.
Gesamttitel	Die Wissenschaft ; 72
Sprache	ger

1705/Sommerfeld Rei 439

Autor/Hrsg.	Reiche, Fritz
Titel-Stichwort	Die Quantentheorie
Untertitel	ihr Ursprung und ihre Entwicklung
Von	von Fritz Reiche
Verl.-Ort	Berlin
Verlag	Springer
Jahr	1921
Umfang	VI, 231 S. : Ill., graph. Darst.
Schlagwort	Quantentheorie

1705/Sommerfeld Rei 440

Autor/Hrsg.	Reichenbach, Hans
Titel-Stichwort	Relativitätstheorie und Erkenntnis apriori
Von	von Hans Reichenbach
Verl.-Ort	Berlin
Verlag	Springer
Jahr	1920
Umfang	110 S.
Sprache	ger
Schlagwort	Relativitätstheorie / Erkenntnistheorie

1705/Sommerfeld Rei 441

Autor/Hrsg.	Reinke, Johannes
Titel-Stichwort	Das dynamische Weltbild
Untertitel	Physik und Biologie
Von	von J. Reinke
Verl.-Ort	Leipzig
Verlag	Barth
Jahr	1926
Umfang	V, 157 S.
Regensbg.Syst.	WB 4170
Schlagwort	Physik / Biologie

1705/Sommerfeld Rey 453

Band	1
Autor/Hrsg.	Reye, Theodor
Titel-Stichwort	Die Geometrie der Lage/1
Ausgabe	2., verm. Aufl.
Jahr	1877
Umfang	XVI, 292 S.
Ill.	graph. Darst.
Sprache	ger

1705/Sommerfeld Rey 454

Autor/Hrsg.	Reynolds, Osborne
Titel-Stichwort	On an inversion of ideas as to the structure of the universe
Untertitel	the Rede Lecture, June 10, 1902
Von	by Osborne Reynolds
Verl.-Ort	Cambridge
Verlag	Cambridge Univ. Press
Jahr	1902
Umfang	44 S.
Ill.	Ill.
Sprache	eng

1705/Sommerfeld Rie 1040

Band 2
Titel-Stichwort Magnetismus und Elektrizität
Ausgabe 6., verb. u. verm. Aufl.
Jahr 1919
Umfang XIV, 636 S.
Ill. Ill., graph. Darst.
Sprache ger

1705/Sommerfeld Rie 1046

Band 1
Titel-Stichwort Mechanik und Akustik, Wärme, Optik
Ausgabe 6., verb. und verm. Aufl.
Jahr 1918
Umfang XVI, 644 S.
Ill. graph. Darst.
Sprache ger

1705/Sommerfeld Rie 142

Autor/Hrsg. Riemann, Bernhard
Titel-Stichwort Die partiellen Differential-Gleichungen der mathematischen Physik
Hrsg./Bearb. Weber, Heinrich
Untertitel nach Riemanns Vorlesungen
Verl.-Ort Braunschweig
Verlag Vieweg
Fussnote Bis 3. Aufl. in einem Band u.d.T.: Partielle Differentialgleichungen und deren Anwendung auf physikalische Fragen. - Ab 7. Aufl. u.d.T.: Die Differential- und Integralgleichungen der Mechanik und Physik
Schlagwort Partielle Differentialgleichung
Schlagwort2 Differentialgleichung

1705/Sommerfeld Rie 198

Band 1
Autor/Hrsg. Riemann, Bernhard
Titel-Stichwort Gesammelte mathematische Werke und wissenschaftlicher Nachlaß/1
Von hrsg. von H. Weber

Jahr	1876
Umfang	VIII, 526 S.

1705/Sommerfeld Rie 456

Band	2
Titel-Stichwort	Nachträge
Hrsg./Bearb.	Noether, Max
Von	hrsg. von M. Noether ...
Jahr	1902
Umfang	VIII, 116 S.
Ill.	graph. Darst.
Sprache	ger

1705/Sommerfeld Rie 457

Autor/Hrsg.	Riemann, Bernhard
Titel-Stichwort	Elliptische Functionen
Hrsg./Bearb.	Stahl, Hermann
Untertitel	Vorlesungen
Von	von Bernhard Riemann. Mit Zusätzen hrsg. von Hermann Stahl
Verl.-Ort	Leipzig
Verlag	Teubner
Jahr	1899
Umfang	VIII, 144 S. : graph. Darst.
Schlagwort	Elliptische Funktion

1705/Sommerfeld Rie 462

Band	1
Autor/Hrsg.	Riemann, Bernhard
Titel-Stichwort	Gesammelte mathematische Werke und wissenschaftlicher Nachlaß/1
Hrsg./Bearb.	Weber, Heinrich
Ausgabe	2. Aufl., bearb. von Heinrich Weber
Jahr	1892
Umfang	X, 558 S.
Ill.	Ill.
Sprache	ger

1705/Sommerfeld Rie 464

Autor/Hrsg.	Riemann, Bernhard
Autor/Hrsg.	Hattendorff, Karl
Titel-Stichwort	Schwere, Elektricität und Magnetismus
Von	nach den Vorlesungen von Bernhard Riemann. Bearb. von Karl Hattendorff
Ausgabe	2. Ausg.
Verl.-Ort	Hannover
Verlag	Rümpler
Jahr	1880
Umfang	X, 358 S. : Ill.
Sprache	ger

1705/Sommerfeld Rie 706

Band	1
Titel-Stichwort	Mathematischer Teil
Von	hrsg. von Richard v. Mises
Jahr	1925
Umfang	XX, 686 S.

1705/Sommerfeld Rie 711

Autor/Hrsg.	Riesenfeld, Ernst H.
Titel-Stichwort	Svante Arrhenius
Von	von Ernst H. Riesenfeld
Verl.-Ort	Leipzig
Verlag	Akad. Verl.-Ges.
Jahr	1931
Umfang	110 S., 9, [3] Bl.
Ill.	Titelportr., Ill., Faks., Portr.
Format	24 cm
Sprache	ger
Schlagwort	Arrhenius, Svante

1705/Sommerfeld Rie 758

Band	2
Titel-Stichwort	Physikalischer Teil
Von	hrsg. von Philipp Frank

Jahr	1927
Umfang	XXIII, 863 S.
Sprache	ger

1705/Sommerfeld Rie 98

Band	2
Titel-Stichwort	Nachträge
Hrsg./Bearb.	Noether, Max
Von	hrsg. von M. Noether ...
Jahr	1902
Umfang	VIII, 116 S.
Ill.	graph. Darst.
Sprache	ger

1705/Sommerfeld Rit 467

Autor/Hrsg.	Ritter, Ernst
Titel-Stichwort	Mathematische Schriften
Untertitel	[Sammelband von sechs verschiedenen Sonderdrucken aus den 'Mathematischen Annalen', Bd. 41(1892) - 48(1895) und von einem Sonderdruck aus den 'Nachrichten von der Königlichen Gesellschaft der Wissenschaften und der Georg-Augusts-Universität zu Göttingen' von 1893, No 3]
Von	[von Ernst Ritter]
Verl.-Ort	[S.l.]
Umfang	Getr. Zählung
Ill.	graph. Darst.
Fussnote	Fingierter Titel. - Für andere Bibliotheken nicht zu benutzen!
Sprache	ger

1705/Sommerfeld Rit 470

Autor/Hrsg.	Ritz, Walther
Titel-Stichwort	Gesammelte Werke
Verl.-Ort	Paris
Verlag	Gauthier-Villars
Jahr	1911
Umfang	XXII, 541 S.
Fussnote	Beitr. teilw. dt., teilw. engl., teilw. franz.

Paralleltit	Oeuvres

1705/Sommerfeld Roh 432

Autor/Hrsg.	Rohr, Moritz von
Titel-Stichwort	Die optischen Instrumente
Von	von Moritz von Rohr
Verl.-Ort	Leipzig
Verlag	Teubner
Jahr	1906
Umfang	V, 130 S.
Gesamttitel	Aus Natur und Geisteswelt ; 88
Sprache	ger

1705/Sommerfeld Roh 812

Autor/Hrsg.	Rohr, Moritz von
Titel-Stichwort	Joseph Fraunhofers Leben, Leistungen und Wirksamkeit
Untertitel	nach Quellen geschildert
Von	von Moritz von Rohr
Verl.-Ort	Leipzig
Verlag	Akad. Verl.-Ges.
Jahr	1929
Umfang	XX, 233 S.
Gesamttitel	Grosse Männer ; 10

1705/Sommerfeld Roh 964

Titel-Stichwort	Ernst Abbe's Apochromate
Hrsg./Bearb.	Rohr, Moritz von
Hrsg./Bearb.	Abbe, Ernst
SBKAnsetz	Carl Zeiss <Jena>
Untertitel	zur 50. Wiederkehr ihrer ersten Bekanntmachung am 9. Juli 1886
Von	Moritz von Rohr ; Ernst Abbe
Verl.-Ort	Jena
Verlag	Zeiss
Jahr	1936
Umfang	23, 24, 14 S. : Ill., graph. Darst.
Fussnote	Enth.1.: Über Verbesserungen des Mikroskops mit Hilfe neuer Arten optischen

Glases / Ernst Abbe. - Enth. 2.: Neue Mikroskop-Objective und Oculare aus Special-Gläsern des Glastechnischen Labratoriums (Schott & Gen.) / hergestellt von Carl Zeiss, Optische Werkstätte, Jena

Sprache	ger
Schlagwort	Apochromat
Schlagwort2	Abbe, Ernst
Schlagwort3	Abbe, Ernst / Apochromat

1705/Sommerfeld Rön 478

Autor/Hrsg.	Röntgen, Wilhelm Conrad
Titel-Stichwort	Briefe an L. Zehnder
Hrsg./Bearb.	Zehnder, Ludwig
Von	W. C. Röntgen
Verl.-Ort	Zürich u.a.
Verlag	Rascher
Jahr	1935
Umfang	198 S. : graph. Darst.
Fussnote	Enth. außerdem u.a.: Zehnder, Ludwig: Geschichte seiner Entdeckung der Röntgenstrahlen
Schlagwort	Zehnder, Ludwig / Briefsammlung
Schlagwort2	Röntgen, Wilhelm Conrad / Briefsammlung
Schlagwort3	Röntgen, Wilhelm Conrad / Zehnder, Ludwig / Briefsammlung

1705/Sommerfeld Ros 200

Autor/Hrsg.	Roscoe, Henry E.
Titel-Stichwort	Die Spectralanalyse
Hrsg./Bearb.	Schuster, Arthur
Untertitel	in einer Reihe von sechs Vorlesungen mit wissenschaftlichen Nachträgen
Von	von H. E. Roscoe
Ausgabe	3. Aufl., neu bearb. vom Verfasser und Arthur Schuster
Verl.-Ort	Braunschweig
Verlag	Vieweg
Jahr	1890
Umfang	X, 466 S. : Ill., graph. Darst.
Fussnote	Literaturverz. S. 399 - 450

1705/Sommerfeld Rou 480

Band 1
Titel-Stichwort Die Elemente
Jahr 1898
Umfang X, 472 S.

1705/Sommerfeld Rou 481

Band 1
Autor/Hrsg. Routh, Edward John
Titel-Stichwort A treatise on analytical statics/1
Ausgabe 2. ed.
Jahr 1896
Umfang XII, 391 S.
Ill. Ill., graph. Darst.
Sprache eng

1705/Sommerfeld Rou 482

Band 2
Autor/Hrsg. Routh, Edward John
Titel-Stichwort A treatise on analytical statics/2
Jahr 1892
Umfang XII, 224 S.
Ill. Ill., graph. Darst.
Sprache eng

1705/Sommerfeld Rou 483

Autor/Hrsg. Routh, Edward John
Titel-Stichwort A treatise on dynamics of a particle
Untertitel with numerous examples
Von by Edward John Routh
Verl.-Ort Cambridge
Verlag Cambridge Univ. Press
Jahr 1898
Umfang XI, 417 S.
Ill. graph. Darst.
Sprache eng

1705/Sommerfeld Rou 484

Autor/Hrsg. Routh, Edward John
Titel-Stichwort A treatise on the stability of a given state of motion
Untertitel particularly steady motion ; being the essay to which the Adams Prize was adjudged in 1877, in the University of Cambridge
Von by E. J. Routh
Verl.-Ort London
Verlag Macmillan
Jahr 1877
Umfang 108 S.
Sprache eng

1705/Sommerfeld Rou 486

Autor/Hrsg. Routh, Edward John
Titel-Stichwort The advanced part of a treatise on the dynamics of a system of rigid bodies
Untertitel being part 2 of a treatise on the whole subject. With numerous examples
Von by Edward John Routh
Ausgabe 5. ed.,rev. and enl.
Verl.-Ort London [u.a.]
Verlag Macmillan
Jahr 1892
Umfang XII, 431 S. : graph. Darst.
Sprache eng
Schlagwort Starrer Körper / Dynamik

1705/Sommerfeld Rüc 490

Autor/Hrsg. Rüchardt, Eduard
Titel-Stichwort Sichtbares und unsichtbares Licht
Von von Eduard Rüchardt
Verl.-Ort Berlin [u.a.]
Verlag Springer
Jahr 1938
Umfang VII, 175 S. : Ill., graph. Darst.
Gesamttitel Verständliche Wissenschaft ; 35
Sprache ger

1705/Sommerfeld Rue 833

Autor/Hrsg.	Ruedy, Richard
Titel-Stichwort	Bandenspektren auf experimenteller Grundlage
Von	Richard Ruedy
Verl.-Ort	Braunschweig
Verlag	Vieweg
Jahr	1930
Umfang	122 S. : Ill.
Gesamttitel	Sammlung Vieweg ; 101/102
Sprache	ger

1705/Sommerfeld Run 489

Autor/Hrsg.	Runge, Carl
Titel-Stichwort	Über die Strahlung des Quecksilbers im magnetischen Felde
Hrsg./Bearb.	Paschen, Friedrich
Untertitel	mit 6 Tafeln
Von	von C. Runge und F. Paschen
Verl.-Ort	Berlin
Verlag	Verl. d. Kgl. Akad. d. Wiss.
Jahr	1902
Umfang	18 S.
Ill.	Ill.
Fussnote	Aus dem Anhang zu den Abhandlungen der Königl. Preuss. Akademie der Wissenschaften zu Berlin vom Jahre 1902
Sprache	ger

1705/Sommerfeld Run 493

Autor/Hrsg.	Runge, Carl
Titel-Stichwort	Graphische Methoden
Von	von Carl Runge
Verl.-Ort	Leipzig u.a.
Verlag	Teubner
Jahr	1915
Umfang	142 S.
Gesamttitel	Sammlung mathematisch-physikalischer Lehrbücher ; 18

1705/Sommerfeld Run 540

Autor/Hrsg.	Runge, Carl
Titel-Stichwort	Graphische Methoden
Von	von Carl Runge
Verl.-Ort	Leipzig u.a.
Verlag	Teubner
Jahr	1915
Umfang	142 S.
Gesamttitel	Sammlung mathematisch-physikalischer Lehrbücher ; 18

1705/Sommerfeld Run 661

Band	1
Titel-Stichwort	Die Vektoranalysis des dreidimensionalen Raumes
Jahr	1919
Umfang	195 S. : Ill.
Sprache	ger

1705/Sommerfeld Rus 494

Autor/Hrsg.	Russell, Bertrand
Titel-Stichwort	ABC der Atome
Verl.-Ort	Stuttgart
Verlag	Franckh
Jahr	1925
Umfang	109 S. : Ill., graph. Darst.
Gesamttitel	Franckhs wissenschaftliche Bibliothek
Fussnote	EST: The ABC of atoms (dt.)
Schlagwort	Atom

1705/Sommerfeld Rut 1277

Autor/Hrsg.	Rutherford, Ernest
Titel-Stichwort	Über die Kernstruktur der Atome
Untertitel	Baker-Vorlesung
Von	Ernest Rutherford
Verl.-Ort	Leipzig
Verlag	Hirzel
Jahr	1921

Umfang	35 S. : graph. Darst.
Fussnote	Auch als: Proceedings of the Royal Society, A, 97

1705/Sommerfeld Ryd 285

Autor/Hrsg.	Rydberg, Johannes R
Titel-Stichwort	Untersuchungen über die Beschaffenheit der Emissionsspektren der chemischen Elemente
Von	von J. R. Rydberg
Verl.-Ort	Leipzig
Verlag	Akad. Verl.-Ges.
Jahr	1922
Umfang	XV, 214 S. : graph. Darst.
Gesamttitel	Ostwalds Klassiker der exakten Wissenschaften ; 196
Sprache	ger

1705/Sommerfeld Sac 479

Autor/Hrsg.	Sackur, Otto
Titel-Stichwort	Lehrbuch der Thermochemie und Thermodynamik
Verl.-Ort	Berlin
Verlag	Springer
Jahr	1912
Umfang	VIII, 340 S. : graph. Darst.

1705/Sommerfeld Sah 496

Autor/Hrsg.	Saha, Meghnad
Titel-Stichwort	A Text Book of heat
Hrsg./Bearb.	Srivastava, B. N.
Untertitel	including kinetic theory of matter, thermodynamics, statistical mechanics, and theories of thermal ionisation
Von	by M. N. Saha and B. N. Srivastava
Verl.-Ort	Allahabad
Verlag	The Indian Pr.
Jahr	1931
Umfang	XXV, 770 S.
Ill.	Ill., graph. Darst.
Sprache	eng

1705/Sommerfeld Sche 1759

Autor/Hrsg.	Scheele, Carl Wilhelm
Titel-Stichwort	Chemische Abhandlung von der Luft und dem Feuer
Hrsg./Bearb.	Ostwald, Wilhelm
Untertitel	1777
Von	von Carl Wilhelm Scheele. Hrsg. von W. Ostwald
Verl.-Ort	Leipzig
Verlag	Engelmann
Jahr	1894
Umfang	112 S.
Ill.	Ill.
Gesamttitel	Ostwalds Klassiker der exakten Wissenschaften ; 58
Sprache	ger

1705/Sommerfeld Sche 498

Autor/Hrsg.	Schell, Wilhelm
Titel-Stichwort	Allgemeine Theorie der Curven doppelter Krümmung in rein geometrischer Darstellung
Untertitel	zur Einführung in das Studium der Curventheorie
Von	von Wilhelm Schell
Ausgabe	2., erw. Aufl.
Verl.-Ort	Leipzig
Verlag	Teubner
Jahr	1898
Umfang	VIII, 163 S.

1705/Sommerfeld Sche 499

Autor/Hrsg.	Schellbach, Karl Heinrich
Titel-Stichwort	Die Lehre von den elliptischen Integralen und den Theta-Functionen
Von	von K. H. Schellbach
Verl.-Ort	Berlin
Verlag	Reimer
Jahr	1864
Umfang	X, 442 S.
Regensbg.Syst.	SK 680

1705/Sommerfeld Schl 1055

Band	1
Autor/Hrsg.	Schleusner, Arno
Titel-Stichwort	Strenge Theorie der Knickung und Biegung/1
Jahr	1937
Umfang	144 S.
Ill.	Ill., graph. Darst.
Sprache	ger

1705/Sommerfeld Schl 218

Autor/Hrsg.	Schlömilch, Oskar
Titel-Stichwort	Fünfstellige logarithmische und trigonometrische Tafeln
Von	von O. Schlömilch
Ausgabe	33. Aufl., wohlfeile Schulausg.
Verl.-Ort	Braunschweig
Verlag	Vieweg
Jahr	1930 ca.
Umfang	156 S.

1705/Sommerfeld Schl 300

Autor/Hrsg.	Schlick, Moritz
Titel-Stichwort	Allgemeine Erkenntnislehre
Verl.-Ort	Berlin
Verlag	Springer
Jahr	1918
Umfang	IX,346 S.
Gesamttitel	Naturwissenschaftliche Monographien u. Lehrbücher. ; 1.

1705/Sommerfeld Schl 572

Autor/Hrsg.	Schlick, Moritz
Titel-Stichwort	Raum und Zeit in der gegenwärtigen Physik
Untertitel	zur Einführung in das Verständnis der allgemeinen Relativitätstheorie
Von	von Moritz Schlick
Verl.-Ort	Berlin
Verlag	Springer
Jahr	1917

Umfang	63 S.
Format	21 cm
Sprache	ger

1705/Sommerfeld Schl 912

Autor/Hrsg.	Schlesinger, Ludwig
Titel-Stichwort	Einführung in die Theorie der gewöhnlichen Differentialgleichungen auf funktionentheoretischer Grundlage
Von	von Ludwig Schlesinger
Ausgabe	3., neubearb.Aufl.
Verl.-Ort	Berlin
Verlag	de Gruyter
Jahr	1922
Umfang	VIII, 326 S.
Sprache	ger
Regensbg.Syst.	SK 520
Schlagwort	Gewöhnliche Differentialgleichung / Komplexes Gebiet
Schlagwort2	Gewöhnliche Differentialgleichung / Funktionentheorie
Schlagwort3	Gewöhnliche Differentialgleichung / Funktionentheoretische Grundlage

1705/Sommerfeld Schm 1332

Autor/Hrsg.	Schmidt, Harry
Titel-Stichwort	Aerodynamik des Fluges
Untertitel	eine Einführung in die mathematische Tragflächentheorie
Von	von Harry Schmidt
Verl.-Ort	Berlin u.a.
Verlag	de Gruyter
Jahr	1929
Umfang	VI, 258 S. : Ill.
Schlagwort	Fliegen / Aerodynamik / Mathematik

1705/Sommerfeld Schm 1740

Autor/Hrsg.	Schmidt, Heinz
Titel-Stichwort	Querschnitt durch die Mechanik des starren Körpers
Von	von Heinz Schmidt
Verl.-Ort	Hildesheim

Verlag	Lax
Jahr	1946
Umfang	70 S. : graph. Darst.
Gesamttitel	Sammlung Lax ; 1

1705/Sommerfeld Schm 967

Autor/Hrsg.	Schmauss, August
Titel-Stichwort	Das Problem der Wettervorhersage
Von	von August Schmauß
Ausgabe	2., erg. Aufl.
Verl.-Ort	Leipzig
Verlag	Akad. Verl.-Ges.
Jahr	1937
Umfang	102 S.
Gesamttitel	Probleme der kosmischen Physik ; 1
Sprache	ger
Schlagwort	Wettervorhersage

1705/Sommerfeld Scho 1

Autor/Hrsg.	Schouten, Jan A.
Titel-Stichwort	Die direkte Analysis zur neueren Relativitätstheorie
Von	von J. A. Schouten
Verl.-Ort	Amsterdam
Verlag	Müller
Jahr	1918
Umfang	95 S.
Ill.	Ill.
Gesamttitel	Verhandelingen der Koninklijke Akademie van Wetenschapen te Amsterdam / 1 ; 12,6
Sprache	ger

1705/Sommerfeld Scho 302

Autor/Hrsg.	Schoenflies, Arthur
Titel-Stichwort	Theorie der Kristallkultur
Untertitel	ein Lehrbuch
Von	von Artur Schoenflies

Verl.-Ort	Berlin
Verlag	Borntraeger
Jahr	1923
Umfang	XII, 555 S.
Ill.	Ill.
Sprache	ger

1705/Sommerfeld Scho 304

Autor/Hrsg.	Schottky, Walter
Titel-Stichwort	Zur relativtheoretischen Energetik und Dynamik
Von	von Walter Schottky
Jahr	1912
Autor/Hrsg.	Schottky, Walter
Titel-Stichwort	Zur relativtheoretischen Energetik und Dynamik
Von	von Walter Schottky
Jahr	1912
Umfang	190 S.
Fussnote	Berlin, Friedrich-Wilhelms-Univ., Diss., 1912

1705/Sommerfeld Schr 226

Autor/Hrsg.	Schrön, Ludwig
Titel-Stichwort	Siebenstellige gemeine Logarithmen der Zahlen von 1 bis 108000
Untertitel	und der Sinus, Cosinus, Tangenten und Cotangenten aller Winkel des Quadranten von 10 zu 10 Secunden ; Tafel I. & II. des Gesammtwerkes in drei Tafeln
Von	von Ludwig Schrön
Ausgabe	17., rev. Stereotyp-Ausg.
Verl.-Ort	Braunschweig
Verlag	Vieweg
Jahr	1878
Umfang	Getr. Zählung
Sprache	ger

1705/Sommerfeld Schü 305

Autor/Hrsg.	Schüller, Hermann
Titel-Stichwort	Weltmacht Atom
Untertitel	von der Geburt und dem Schicksal einer Forschung

Von	Hermann Schüller
Ausgabe	2., völlig umgearb. und erw. Aufl.
Verl.-Ort	Ulm
Verlag	Ebner
Jahr	1947
Umfang	695 S.
Ill.	Ill., graph. Darst., Portr.
Fussnote	1. Aufl. u.d.T.: Schüller, Hermann: Forscher zwischen Traum und Tat
Format	21 cm
Sprache	ger

1705/Sommerfeld Schu 306

Autor/Hrsg.	Schuler, M.
Titel-Stichwort	Der Kreiselkompaß unter Einfluß der Schiffschwingungen
Von	von M. Schuler
Jahr	1922
Umfang	18 S.
Ill.	Ill., graph. Darst.
Fussnote	Aus: Zeitschrift für angewandte Mathematik und Mechanik ; 2
Sprache	ger

1705/Sommerfeld Schu 308

Autor/Hrsg.	Schuster, Arthur
Titel-Stichwort	Einführung in die theoretische Optik
Von	von Arthur Schuster
Ausgabe	autoris. dt. Ausg.
Verl.-Ort	Leipzig u.a.
Verlag	Teubner
Jahr	1907
Umfang	XIV, 413 S.

1705/Sommerfeld Schu 354

Autor/Hrsg.	Schuster, Arthur
Titel-Stichwort	Einführung in die theoretische Optik
Von	von Arthur Schuster
Ausgabe	autoris. dt. Ausg.

Verl.-Ort	Leipzig u.a.
Verlag	Teubner
Jahr	1907
Umfang	XIV, 413 S.

1705/Sommerfeld Schw 120

Autor/Hrsg.	Schwerd, Friedrich Magnus
Titel-Stichwort	Die Beugungserscheinungen aus den Fundamentalgesetzen der Undulationstheorie analytisch entwickelt und in Bildern dargestellt
Untertitel	Mit 18 zum Theil illuminirten Tafeln
Verl.-Ort	Mannheim
Verlag	Schwan & Goetz
Jahr	1835
Umfang	XII, 144 S., 4 Bl. : 18 Ill.

1705/Sommerfeld Schw 309

Autor/Hrsg.	Schwegler, Albert
Titel-Stichwort	Geschichte der Philosophie im Umriß
Untertitel	ein Leitfaden zur Übersicht
Von	von Albert Schwegler
Ausgabe	14. Aufl.
Verl.-Ort	Stuttgart
Verlag	Conradi
Jahr	1887
Umfang	IV, 372 S.
Fussnote	In Fraktur
Sprache	ger

1705/Sommerfeld Schw 313

Autor/Hrsg.	Schweitzer, Albert
Titel-Stichwort	Goethe
Von	drei Reden von Albert Schweitzer
Verl.-Ort	München
Verlag	Biederstein
Jahr	1949

Umfang	67 S.
Schlagwort	Goethe, Johann Wolfgang von
Schlagwort2	Schweitzer, Albert / Quelle

1705/Sommerfeld Schw 315

Autor/Hrsg.	Schwarz, Hermann Amandus
Titel-Stichwort	Bestimmung einer speziellen Minimalfläche
Von	von H. Schwarz
Verl.-Ort	Berlin
Verlag	Dümmler
Jahr	1871
Umfang	108 S.

1705/Sommerfeld See 2212

Titel-Stichwort	Aufgaben aus der theoretischen Physik
Hrsg./Bearb.	Seeliger, Rudolf
Untertitel	In Verbindung m. F. Henning u. R. v. Mises
Von	Hrsg. von Rudolf Seeliger*
Verl.-Ort	Braunschweig
Verlag	Vieweg
Jahr	1921
Umfang	IV,154 S.
Schlagwort	Theoretische Physik / Aufgabensammlung

1705/Sommerfeld See 734

Autor/Hrsg.	Seeliger, Rudolf
Titel-Stichwort	Einführung in die Physik der Gasentladungen
Von	von Rudolf Seeliger
Verl.-Ort	Leipzig
Verlag	Barth
Jahr	1927
Umfang	IX, 423 S. : graph. Darst.
Schlagwort	Gasentladung

1705/Sommerfeld Sel 318

Autor/Hrsg.	Selivanov, Dmitrij F.
Titel-Stichwort	Lehrbuch der Differenzenrechnung
Von	von Demetrius Seliwanoff
Verl.-Ort	Leipzig
Verlag	Teubner
Jahr	1904
Umfang	VI, 92 S.
Gesamttitel	B. G. Teubners Sammlung von Lehrbüchern auf dem Gebiete der mathematischen Wissenschaften ; 13

1705/Sommerfeld Ser 319

Band	1
Autor/Hrsg.	Serret, Joseph Alfred
Titel-Stichwort	Handbuch der höheren Algebra/1
Ausgabe	2. Aufl.
Jahr	1878
Umfang	VIII, 528 S.

1705/Sommerfeld Ser 320

Band	2
Autor/Hrsg.	Serret, Joseph Alfred
Titel-Stichwort	Handbuch der höheren Algebra/2
Ausgabe	2. Aufl.
Jahr	1879
Umfang	VIII, 574 S.

1705/Sommerfeld Sie 659

Autor/Hrsg.	Siegbahn, Manne
Titel-Stichwort	Spektroskopie der Röntgenstrahlen
Verl.-Ort	Berlin
Verlag	Springer
Jahr	1924
Umfang	VI,257 S.: 119 Abb.
Schlagwort	Röntgenspektroskopie

1705/Sommerfeld Sie 842

Autor/Hrsg.	Siegbahn, Manne
Titel-Stichwort	Spektroskopie der Röntgenstrahlen
Untertitel	Mit 225 Abb.
Ausgabe	2.,umgearb.Aufl.
Verl.-Ort	Berlin
Verlag	Springer
Jahr	1931
Umfang	VI, 575 S.
Schlagwort	Röntgenspektroskopie
Lokale Notation	LB

1705/Sommerfeld Sil 321

Autor/Hrsg.	Silberstein, Ludwik
Titel-Stichwort	Report on the quantum theory of spectra
Von	by L. Silberstein
Verl.-Ort	London
Verlag	Hilger
Jahr	1920
Umfang	42 S.
Sprache	eng

1705/Sommerfeld Sil 322

Autor/Hrsg.	Silberstein, Ludwik
Titel-Stichwort	Projective vector algebra
Untertitel	an algebra of vectors independent of the axoims of congruence and of parallels
Von	by L. Silberstein
Verl.-Ort	London
Verlag	Bell
Jahr	1919
Umfang	76 S.
Ill.	graph. Darst.
Sprache	eng

1705/Sommerfeld Smi 323

Autor/Hrsg.	Smith, John D.
Titel-Stichwort	Chemistry and atomic structure
Untertitel	With an introd. by G. T. Morgan
Verl.-Ort	London
Verlag	Benn
Jahr	1924
Umfang	221 S.

1705/Sommerfeld Soh 234

Autor/Hrsg.	Sohncke, Leonhard
Titel-Stichwort	Gemeinverständliche Vorträge aus dem Gebiete der Physik
Verl.-Ort	Jena
Verlag	Fischer
Jahr	1892
Umfang	IV, 230 S. : graph. Darst.

1705/Sommerfeld Som 32616

Band	1
Titel-Stichwort	Meccanica
Ausgabe	Ristampe 5
Jahr	1988
Umfang	XIII, 306 S. : graph. Darst.
Originaltitel	Mechanik <dt.>

1705/Sommerfeld Spi 2180

Autor/Hrsg.	Spielrein, Jean
Titel-Stichwort	Lehrbuch der Vektorrechnung nach den Bedürfnissen in der technischen Mechanik und Elektrizitätslehre
Ausgabe	2., verb. u. verm. Aufl.
Verl.-Ort	Stuttgart
Verlag	Wittwer
Jahr	1926
Umfang	XVI, 434 S. : graph. Darst.
Begleitmaterial	Beil.
Schlagwort	Vektorrechnung

1705/Sommerfeld Sta 1053

Autor/Hrsg.	Stark, Johannes
Titel-Stichwort	Physik der Atomoberfläche
Von	von Johannes Stark
Verl.-Ort	Leipzig
Verlag	Hirzel
Jahr	1940
Umfang	VIII, 75 S. : graph. Darst.
Schlagwort	Atomphysik

1705/Sommerfeld Stä 299

Band	2
Gesamttitel	... ; 47
Titel-Stichwort	Abhandlungen von Lagrange (1762, 1770), Legrende (1786) und Jacobi (1837)
Jahr	1894
Umfang	110 S. : graph. Darst.

1705/Sommerfeld Sta 324

Autor/Hrsg.	Stark, Johannes
Titel-Stichwort	Die Axialität der Lichtemission und Atomstruktur
Von	von J. Stark
Verl.-Ort	Berlin
Verlag	Seydel
Jahr	1927
Umfang	XII, 124, XI S.
Ill.	graph. Darst.
Sprache	ger

1705/Sommerfeld Sta 503

Autor/Hrsg.	Stark, Johannes
Titel-Stichwort	Die Atomionen chemischer Elemente und ihre Kanalstrahlen-Spektra
Von	von J. Stark
Verl.-Ort	Berlin
Verlag	Springer
Jahr	1913
Umfang	43 S. : Ill., graph. Darst.

1705/Sommerfeld Sta 526

Autor/Hrsg.	Stark, Johannes
Titel-Stichwort	Elektrische Spektralanalyse chemischer Atome
Von	von J. Stark
Verl.-Ort	Leipzig
Verlag	Hirzel
Jahr	1914
Umfang	VII, 138 S., IV Bl. : Ill., graph. Darst.
Gesamttitel	Physikalische Bibliothek ; 1

1705/Sommerfeld Sta 603

Autor/Hrsg.	Stark, Johannes
Titel-Stichwort	Änderungen der Struktur und des Spektrums chemischer Atome
Untertitel	Nobelvortrag, gehalten am 3. Juni 1920 in Stockholm
Verl.-Ort	Leipzig
Verlag	Hirzel
Jahr	1920
Umfang	15 S.

1705/Sommerfeld Ste 1341

Autor/Hrsg.	Stenzel, Heinrich
Titel-Stichwort	Leitfaden zur Berechnung von Schallvorgängen
Verl.-Ort	Berlin
Verlag	Springer
Jahr	1939
Umfang	124 S. : zahlr. Ill.

1705/Sommerfeld Ste 160

Autor/Hrsg.	Steiner, Jacob
Titel-Stichwort	Die geometrischen Constructionen, ausgeführt mittelst der geraden Linie und eines festen Kreises
Untertitel	als Lehrgegenstand auf höheren Unterrichts-Anstalten und zur praktischen Benutzung
Von	von Jacob Steiner ; hrsg. von A. J. von Oettingen
Verl.-Ort	Leipzig
Verlag	Engelmann

Jahr	1895
Umfang	84 S.
Gesamttitel	Ostwalds Klassiker der exakten Wissenschaften ; 60

1705/Sommerfeld Ste 2567

Autor/Hrsg.	Steiner, Jacob
Titel-Stichwort	Einige geometrische Betrachtungen
Verl.-Ort	Leipzig
Verlag	Engelmann
Jahr	1901
Umfang	125 S. : graph. Darst.
Gesamttitel	Ostwald's Klassiker der exakten Wissenschaften. ; 123.
Fussnote	Aus: Gesammelte Werke / Jacob Steiner. Bd. 1, S. 17 - 76
Schlagwort	Geometrie

1705/Sommerfeld Ste 326

Autor/Hrsg.	Steiner, Jacob
Titel-Stichwort	Die geometrischen Konstructionen, ausgeführt mittelst der geraden Linie und eines festen Kreises
Untertitel	als Lehrgegenstand auf höheren Unterrichts-Anstalten und zur praktischen Benutzung
Von	von Jacob Steiner
Verl.-Ort	Berlin
Verlag	Dümmler
Jahr	1833
Umfang	110 S., II gef. Bl. : graph. Darst.
Sprache	ger

1705/Sommerfeld Ste 332

Band	1
Autor/Hrsg.	Steiner, Jacob
Titel-Stichwort	Systematische Entwicklung der Abhängigkeit geometrischer Gestalten von einander/1
Jahr	1832
Umfang	XVI, 322 S. : graph. Darst.
Sprache	ger

1705/Sommerfeld Ste 333

Autor/Hrsg.	Stelling, Otto
Titel-Stichwort	Über den Zusammenhang zwischen chemischer Konstitution und K-Röntgen-Absorptionsspektra
Von	von Otto Stelling
Verl.-Ort	Lund
Drucker	Ohlsson
Jahr	1927
Umfang	187 S.
Ill.	graph. Darst.
Fussnote	Lund, Univ., Diss., 1927
Sprache	ger

1705/Sommerfeld Ste 334

Band	1
Titel-Stichwort	Mechanik starrer Körper
Jahr	1904
Umfang	VIII, 344 S.
Ill.	Ill., graph. Darst.
Sprache	ger

1705/Sommerfeld Sto 335

Band	1
Autor/Hrsg.	Stokes, George Gabriel
Titel-Stichwort	Mathematical and physical papers/1
Jahr	1880
Umfang	X, 328 S.
Ill.	graph. Darst.

1705/Sommerfeld Sto 336

Band	2
Autor/Hrsg.	Stokes, George Gabriel
Titel-Stichwort	Mathematical and physical papers/2
Jahr	1883
Umfang	VIII, 366 S.
Ill.	graph. Darst.

1705/Sommerfeld Sto 337

Titel-Stichwort	Memoirs presented to the Cambridge Philosophical Society on the occasion of the jubilee of George Gabriel Stokes
Hrsg./Bearb.	Stokes, George Gabriel
Verl.-Ort	Cambridge
Verlag	Univ. Press
Jahr	1900
Umfang	XXVIII, 447 S.
Ill.	Ill., graph. Darst.
Gesamttitel	Transactions of the Philosophical Society ; 18
Sprache	eng

1705/Sommerfeld Sto 339

Autor/Hrsg.	Stoner, Edmund C.
Titel-Stichwort	Magnetism and atomic structure
Von	Edmund C. Stoner
Verl.-Ort	London
Verlag	Methuen
Jahr	1926
Umfang	XIII, 371 S. : graph. Darst.
Sprache	eng

1705/Sommerfeld Sto 651

Autor/Hrsg.	Stodola, A.
Titel-Stichwort	Gedanken zu einer Weltanschauung vom Standpunkte des Ingenieurs
Verl.-Ort	Berlin
Verlag	Springer
Jahr	1931
Umfang	100 S. : graph. Darst.

1705/Sommerfeld Stö 838

Titel-Stichwort	Johannes Kepler, der kaiserliche Mathematiker
Hrsg./Bearb.	Stöckl, Karl
Untertitel	gestorben in Regensburg am 15. November 1630 ; zur Erinnerung an seinen Todestag vor 300 Jahren im Auftr. d. Naturwiss. Vereins zu Regensburg u. d. Histor. Vereins d. Oberpfalz u. von Regensburg rsg.

Von	hrsg. von Karl Stöckl
Verl.-Ort	Regensburg
Jahr	1930
Umfang	355 S. : Ill.
Gesamttitel	Naturwissenschaftlicher Verein (Regensburg): Bericht des ... ; 19
Gesamttitel	Kepler-Festschrift ; 1
Sprache	ger

1705/Sommerfeld Str 2219

Autor/Hrsg.	Strunz, Hugo
Titel-Stichwort	Mineralogische Tabellen
Von	hrsg. von Hugo Strunz
Verl.-Ort	Leipzig
Verlag	Akad. Verl.-Ges.
Jahr	1941
Umfang	IX, 287 S. : graph. Darst.
Schlagwort	Mineralogie / Datensammlung
Schlagwort2	Mineral / Klassifikation
Schlagwort3	Kristallchemie

1705/Sommerfeld Str 341

Autor/Hrsg.	Straubel, Rudolf
Titel-Stichwort	Wissenschaftliche Arbeiten insbesondere auf dem Gebiete der Optik
Untertitel	[Sammelband von Sonderdrucken und Kleinschriften aus den Jahren 1864 - 1943]
Von	[Rudolf Straubel]
Verl.-Ort	[S.l.]
Umfang	Getr. Zählung
Fussnote	Fingierter Titel. - Für andere Bibliotheken nicht zu benutzen!
Sprache	ger

1705/Sommerfeld Str 342

Autor/Hrsg.	Strömgren, Elis
Titel-Stichwort	Astronomische Miniaturen
Von	von Elis Strömgren
Verl.-Ort	Berlin

Verlag	Springer
Jahr	1922
Umfang	87 S. : Ill.
Fussnote	Aus d. Schwed. übers.
Schlagwort	Astronomie

1705/Sommerfeld Str 343

Titel-Stichwort	Zweite Sammlung astronomischer Miniaturen
Hrsg./Bearb.	Strömgren, Elis
Hrsg./Bearb.	Strömgren, Bengt
Von	von Elis Strömgren und Bengt Strömgren
Verl.-Ort	Berlin
Verlag	Springer
Jahr	1927
Umfang	IV, 154 S. : Ill., graph. Darst.
Fussnote	Aus dem Schwed. übers.
Sprache	ger
Schlagwort	Astronomie

1705/Sommerfeld Str 344

Autor/Hrsg.	Strunz, Hugo
Titel-Stichwort	Struktur und Gestalt
Untertitel	Eine leichtverständl. Einf. in d. Kristallkunde
Verl.-Ort	München
Verlag	Federmann
Jahr	1948
Umfang	16 S., 1 Bl. : graph. Darst.
Gesamttitel	Ernst Reinhardt Bücherreihe.

1705/Sommerfeld Stu 2840

Autor/Hrsg.	Sturm, Jean C. F.
Titel-Stichwort	Abhandlung über die Auflösung der numerischen Gleichungen
Von	von J. C. F. Sturm
Verl.-Ort	Leipzig
Verlag	Engelmann
Jahr	1904

Umfang	66 S.
Gesamttitel	Ostwalds Klassiker der exakten Wissenschaften ; 143
Fussnote	Aus: Mémoires de l'Acad. des Sciences de l'Inst. de France,6, 1835

1705/Sommerfeld Stu 345

Autor/Hrsg.	Study, Eduard
Titel-Stichwort	Geometrie der Dynamen
Untertitel	die Zusammensetzung von Kräften und verwandte Gegenstände der Geometrie
Von	bearb. von E. Study
Verl.-Ort	Leipzig
Verlag	Teubner
Jahr	1903
Umfang	XIII, 603 S. : Ill., graph. Darst.
Schlagwort	Dynamik / Geometrie

1705/Sommerfeld Stu 346

Autor/Hrsg.	Study, Eduard
Titel-Stichwort	Sphärische Trigonometrie, orthogonale Substitutionen und elliptische Functionen
Untertitel	eine analytisch-geometrische Untersuchung
Von	von E. Study
Verl.-Ort	Leipzig
Verlag	Hirzel
Jahr	1893
Umfang	S. 88 - 231 : Ill., graph. Darst.
Gesamttitel	Königlich-Sächsische Gesellschaft der Wissenschaften / Mathematisch-Physische Klasse: [Abhandlungen der Mathematisch-Physischen Klasse der Königlich-Sächsischen Gesellschaft der Wissenschaften] ; 20,2
Gesamttitel	Königlich-Sächsische Gesellschaft der Wissenschaften: Abhandlungen der Königlich-Sächsischen Gesellschaft der Wissenschaften ; 33,2
Sprache	ger
Schlagwort	Sphärische Trigonometrie

1705/Sommerfeld Stu 348

Band	1
Autor/Hrsg.	Sturm, Charles
Titel-Stichwort	Lehrbuch der Analysis/1

Jahr	(1897)
Umfang	X, 360 S. : graph. Darst.
Sprache	ger

1705/Sommerfeld Stu 349

Band	2
Autor/Hrsg.	Sturm, Charles
Titel-Stichwort	Lehrbuch der Analysis/2
Jahr	(1898)
Umfang	VIII, 351 S. : graph. Darst.
Sprache	ger

1705/Sommerfeld Tam 350

Autor/Hrsg.	Tammann, Gustav
Titel-Stichwort	Lehrbuch der heterogenen Gleichgewichte
Von	von Gustav Tammann
Verl.-Ort	Braunschweig
Verlag	Vieweg
Jahr	1924
Umfang	XII, 358 S. : Ill., graph. Darst.

1705/Sommerfeld Tam 351

Autor/Hrsg.	Tammann, Gustav
Titel-Stichwort	Die chemischen und galvanischen Eigenschaften von Mischkristallreihen und ihre Atomverteilung
Untertitel	ein Beitrag zur Kenntnis der Legierungen ; zum Gedächtnis der Entdeckung des Isomorphismus vor 100 Jahren
Von	von G. Tammann
Verl.-Ort	Leipzig
Verlag	Voss
Jahr	1919
Umfang	239 S.
Ill.	Ill.
Fussnote	Aus : Zeitschrift für anorganische und allgemeine Chemie ; 107
Sprache	ger

1705/Sommerfeld Ten 907

Autor/Hrsg.	Ten Bruggencate, Paul
Titel-Stichwort	Das astronomische Weltbild der Gegenwart
Verl.-Ort	Stuttgart
Verlag	Kohlhammer
Jahr	1934
Umfang	19 S.: Ill., graph. Darst.
Gesamttitel	Moderne Naturwissenschaft. ; 12.

1705/Sommerfeld Thi 352

Autor/Hrsg.	Thirring, Hans
Titel-Stichwort	Die Idee der Relativitätstheorie
Verl.-Ort	Berlin
Verlag	Springer
Jahr	1921
Umfang	169 S.
Schlagwort	Relativitätstheorie

1705/Sommerfeld Tho 118

Autor/Hrsg.	Thorade, Hermann
Titel-Stichwort	Ebbe und Flut
Untertitel	ihre Entstehung und ihre Wandlungen
Von	von Hermann Thorade
Ausgabe	1. - 5. Tsd.
Verl.-Ort	Berlin
Verlag	Springer
Jahr	1941
Umfang	VI, 114 S. : Ill., graph. Darst.
Gesamttitel	Verständliche Wissenschaft ; 46
Sprache	ger
Schlagwort	Gezeiten

1705/Sommerfeld Tho 1593

Autor/Hrsg.	Thomson, Joseph J.
Titel-Stichwort	Conduction of electricity through gases
Von	by J. J. Thomson

Ausgabe	2. ed.
Verl.-Ort	Cambridge
Verlag	Univ. Press
Jahr	1906
Umfang	VI, 678 S.
Ill.	Ill., graph. Darst.
Gesamttitel	Cambridge physical series
Sprache	eng

1705/Sommerfeld Tho 237

Autor/Hrsg.	Thomae, Johannes
Titel-Stichwort	Abriss einer Theorie der complexen Functionen und der Thetafunctionen einer Veränderlichen
Von	J. Thomae
Verl.-Ort	Halle
Verlag	Nebert
Jahr	1870
Umfang	Ill.
Sprache	ger

1705/Sommerfeld Tho 241

Autor/Hrsg.	Thomson, Joseph J.
Titel-Stichwort	Anwendungen der Dynamik auf Physik und Chemie
Von	von J. J. Thomson
Verl.-Ort	Leipzig
Verlag	Engel
Jahr	1890
Umfang	VIII, 372 S.
Sprache	ger
Schlagwort	Physikalisches System / Dynamisches Verhalten
Schlagwort2	Reaktionssystem / Dynamisches Verhalten

1705/Sommerfeld Tho 367

Autor/Hrsg.	Thomson, Joseph J.
Titel-Stichwort	Elektrizitäts-Durchgang in Gasen
Von	J. J. Thomson ; dt. autoris. Ausg. unter Mitw. d. Autors besorgt u. erg. von Erich

	Marx
Verl.-Ort	Leipzig
Verlag	Teubner
Jahr	1906
Umfang	VII, 587 S.
Ill.	Ill., graph. Darst.
Originaltitel	Conduction of electricity through gases <dt.>
Schlagwort	Gas / Elektrizitätsdurchgang

1705/Sommerfeld Thü 1080

Autor/Hrsg.	Thüring, Bruno
Titel-Stichwort	Albert Einsteins Umsturzversuch der Physik und seine inneren Möglichkeiten und Ursachen
Von	von Bruno Thüring, Prof. der Astronomie an der Univ. und Direktor der Univ.-Sternwarte Wien
Verl.-Ort	Berlin
Verlag	Lüttke
Jahr	1941
Umfang	64 S.
Fussnote	Aus: Forschungen zur Judenfrage ; Bd. 4, S. 134 - 162
Format	23 cm
Sprache	ger

1705/Sommerfeld Tim 536

Autor/Hrsg.	Timerding, Heinrich E.
Titel-Stichwort	Die Analyse des Zufalls
Von	von H. E. Timerding
Verl.-Ort	Braunschweig
Verlag	Vieweg
Jahr	1915
Umfang	VIII, 167 S.
Gesamttitel	Die Wissenschaft ; 56
Schlagwort	Zufall

1705/Sommerfeld Tis 353
Band 1
Titel-Stichwort Perturbations des planètes d'après la méthode de la variation des constantes arbitraires
Jahr 1889
Umfang X, 474 S.

1705/Sommerfeld Tis 355
Band 2
Titel-Stichwort Théorie de la figure des corps célestes et de leur mouvement de rotation
Jahr 1891
Umfang XIV, 552 S.

1705/Sommerfeld Tis 359
Band 3
Titel-Stichwort Exposé de l'ensemble des théories relatives au mouvement de la lune
Jahr 1894
Umfang IX, 427 S.

1705/Sommerfeld Tis 364
Band 4
Titel-Stichwort Théories des satellites de Jupiter et de Saturne, perturbations des petites planètes
Jahr 1896
Umfang XII, 548 S.

1705/Sommerfeld Tow 444
Autor/Hrsg. Townsend, John S.
Titel-Stichwort The theory of ionization of gases by collision
Verl.-Ort London
Verlag Constable
Jahr 1910
Umfang 88 S.

1705/Sommerfeld Tsche 172
Titel-Stichwort P. L. Tschebyschef
Verl.-Ort Leipzig

Verlag	Teubner
Jahr	1900
Umfang	70 S. : Ill.
Fussnote	Enth.: P. L. Tschebyschef und seine wissenschaftlichen Leistungen / von A. Wassilief. Die Tschebyschfschen Arbeiten in der Theorie der Gelenkmechanismen / von N. Delaunay
Autor/Hrsg._	Vasi'lev, Aleksandr A.
Titel_	P. L. Tschebyschef und seine wissenschaftlichen Leistungen
Autor/Hrsg._	Delaunay, N.
Titel_	Die Tschebyschefschen Arbeiten in der Theorie der Gelenkmechanismen

1705/Sommerfeld Tyn 529

Autor/Hrsg.	Tyndall, John
Titel-Stichwort	Das Licht
Untertitel	Sechs Vorlesungen gehalten in Amerika im Winter 1872-1873. Autorisirte dt. Ausg. Mit e. Portrait von Thomas Young
Verl.-Ort	Braunschweig
Verlag	Vieweg
Jahr	1876
Umfang	XXV,275 S.
Fussnote	Orig.-Ausg. u.d.T.: Six lectures on light
Schlagwort	Licht

1705/Sommerfeld Ubb 1097

Autor/Hrsg.	Ubbelohde, Leo
Titel-Stichwort	Zur Viskosimetrie
Untertitel	Anhang: Umwandlungs-Tabellen für Viskositätszahlen
Von	von L. Ubbelohde
Ausgabe	3., verm. und verb. Aufl.
Verl.-Ort	Leipzig
Verlag	Hirzel
Jahr	1940
Umfang	54 S.
Ill.	Ill., graph. Darst.

1705/Sommerfeld Use 122

Autor/Hrsg.	Usener, Hans
Titel-Stichwort	Der Kreisel als Richtungsweiser
Untertitel	seine Entwicklung, Theorie und Eigenschaften
Von	Hans Usener
Verl.-Ort	München
Verlag	Militär. Verl.-Anst.
Jahr	1917
Umfang	IV, 156 S., 7 Bl. : Ill.
Sprache	ger

1705/Sommerfeld Use 885

Autor/Hrsg.	Usener, Hans
Titel-Stichwort	Der Kreisel als Richtungsweiser
Untertitel	seine Entwicklung, Theorie und Eigenschaften
Von	Hans Usener
Verl.-Ort	München
Verlag	Militär. Verl.-Anst.
Jahr	1917
Umfang	IV, 156 S., 7 Bl. : Ill.
Sprache	ger

1705/Sommerfeld Vah 121

Autor/Hrsg.	Vahlen, Theodor
Titel-Stichwort	Abstrakte Geometrie
Untertitel	Untersuchungen über die Grundlagen der Euklidischen und nicht-Euklidischen Geometrie
Von	von Karl Theodor Vahlen
Verl.-Ort	Leipzig
Verlag	Teubner
Jahr	1905
Umfang	XI, 302 S. : graph. Darst.
Sprache	ger

1705/Sommerfeld Val 1090

Autor/Hrsg.	Valentiner, Siegfried
Titel-Stichwort	Physikalische Grundlagen der Meßtechnik in der Wärmewirtschaft
Von	Siegfried Valentiner
Verl.-Ort	Braunschweig
Verlag	Vieweg
Jahr	1940
Umfang	VI, 127 S.
Sprache	ger

1705/Sommerfeld Val 124

Autor/Hrsg.	Valentiner, Siegfried
Titel-Stichwort	Die Grundlagen der Quantentheorie in elementarer Darstellung
Ausgabe	3.erw.Aufl.
Verl.-Ort	Braunschweig
Verlag	Vieweg
Jahr	1920
Umfang	VIII, 92 S.: graph.Darst.
Gesamttitel	Sammlung Vieweg.H.15.
Schlagwort	Quantentheorie

1705/Sommerfeld Vil 779

Titel-Stichwort	Jubilé de M. Marcel Brillouin
Hrsg./Bearb.	Villat, Henri
gefeierte Pers.	Brillouin, Marcel
Untertitel	mémoires originaux offerts à Marcel Brillouin à l'occasion de son 80e anniversaire
Von	[Pour le Comité d'organisation: Henri Villat]
Verl.-Ort	Paris
Verlag	Gauthier-Villars
Jahr	1935
Umfang	VI, 441 S. : graph. Darst.
Sprache	fre

1705/Sommerfeld Vog 249

Autor/Hrsg.	Vogler, Christian August
Titel-Stichwort	Grundzüge der Ausgleichungs-Rechnung

Untertitel	elementar entwickelt
Von	A. Vogler
Verl.-Ort	Braunschweig
Verlag	Vieweg
Jahr	1883
Umfang	218 S.
Sprache	ger

1705/Sommerfeld Voi 1098

Autor/Hrsg.	Voigt, Woldemar
Titel-Stichwort	Elementare Mechanik als Einleitung in das Studium der theoretischen Physik
Von	von Woldemar Voigt
Ausgabe	2., umgearb. Aufl.
Verl.-Ort	Leipzig
Verlag	Veit
Jahr	1901
Umfang	X, 578 S.
Ill.	Ill., graph. Darst.
Format	24 cm
Sprache	ger
Schlagwort	Theoretische Mechanik / Einführung

1705/Sommerfeld Voi 126

Autor/Hrsg.	Voigt, Woldemar
Titel-Stichwort	Elementare Mechanik
Untertitel	als Einleitung in das Studium der theoretischen Physik
Von	von Woldemar Voigt
Verl.-Ort	Leipzig
Verlag	Veit
Jahr	1889
Umfang	VIII, 483 S. : Ill., graph. Darst.
Sprache	ger
Schlagwort	Mechanik

1705/Sommerfeld Voi 128/1

Band 1
Titel-Stichwort Mechanik starrer und nichtstarrer Körper, Wärmelehre
Jahr 1895
Umfang X, 610 S.
Sprache ger

1705/Sommerfeld Voi 131

Autor/Hrsg. Voigt, Woldemar
Titel-Stichwort Magneto- und Elektrooptik
Untertitel Mit 75 Fig. im Text
Verl.-Ort Leipzig
Verlag Teubner
Jahr 1908
Umfang XIV,396 S.
Gesamttitel Universität <Göttingen>: Mathemat. Vorlesungen. ; 3.
Schlagwort Elektrooptik
Schlagwort2 Magnetooptik

1705/Sommerfeld Voi 132

Autor/Hrsg. Voigt, Woldemar
Titel-Stichwort Magnetooptik
Von von W. Voigt
Verl.-Ort Leipzig
Verlag Barth
Jahr 1915
Umfang S. 393 - 710
Fussnote Aus: Handbuch der Elektrizität und des Magnetismus ; 4
Sprache ger

1705/Sommerfeld Voi 133

Autor/Hrsg. Voigt, Woldemar
Titel-Stichwort Die fundamentalen physikalischen Eigenschaften der Krystalle in elementarer Darstellung
Von von Woldemar Voigt
Verl.-Ort Leipzig

Verlag	Veit
Jahr	1898
Umfang	VIII, 243 S. : graph. Darst.

1705/Sommerfeld Vol 127

Autor/Hrsg.	Volkmann, Paul
Titel-Stichwort	Einführung in das Studium der theoretischen Physik insbesondere in das der analytischen Mechanik mit einer Einleitung in die Theorie der physikalischen Erkenntnis
Von	Vorlesungen von Paul Volkmann
Ausgabe	2. mehrfach umgearb. Aufl.
Verl.-Ort	Leipzig [u.a.]
Verlag	Teubner
Jahr	1913
Umfang	XVI, 412 S.
Ill.	graph. Darst.
Sprache	ger
Schlagwort	Theoretische Physik

1705/Sommerfeld Vol 2452

Autor/Hrsg.	Volta, Alessandro
Titel-Stichwort	Briefe über thierische Elektricität
Untertitel	1792
Von	von Alessandro Volta
Verl.-Ort	Leipzig
Verlag	Engelmann
Jahr	1900
Umfang	161 S.
Gesamttitel	Ostwalds Klassiker der exakten Wissenschaften ; 114
Originaltitel	Letters ... sull'elettricità animale <dt.>
Sprache	ger

1705/Sommerfeld Vol 2473

Autor/Hrsg.	Volta, Alessandro
Titel-Stichwort	Untersuchungen über den Galvanismus
Untertitel	1796 bis 1800

Von	von Alessandro Volta
Verl.-Ort	Leipzig
Verlag	Engelmann
Jahr	1900
Umfang	99 S., I Bl.
Ill.	Ill.
Gesamttitel	Ostwalds Klassiker der exakten Wissenschaften ; 118
Schlagwort	Elektrochemie / Geschichte 1796-1800 / Quelle

1705/Sommerfeld Vol 250

Autor/Hrsg.	Volkmann, Paul
Titel-Stichwort	Vorlesungen über die Theorie des Lichtes
Untertitel	unter Rücksicht auf die elastische und die elektromagnetische Anschauung
Von	von P. Volkmann
Verl.-Ort	Leipzig
Verlag	Teubner
Jahr	1891
Umfang	XV, 432 S. : graph. Darst.
Sprache	ger
Schlagwort	Licht / Theorie

1705/Sommerfeld Vol 522

Autor/Hrsg.	Volkmann, Paul
Titel-Stichwort	Einführung in das Studium der theoretischen Physik insbesondere in das der analytischen Mechanik
Untertitel	mit einer Einl. in die Theorie der physikal. Erkenntniss ; Vorlesungen
Von	von P. Volkmann
Verl.-Ort	Leipzig
Verlag	Teubner
Jahr	1900
Umfang	XVI, 370 S.
Schlagwort	Theoretische Physik / Mechanik

1705/Sommerfeld Von 225

Titel-Stichwort	Vorträge aus dem Gebiete der Hydro- und Aerodynamik
Hrsg./Bearb.	Baumhauer, G. A. von

Hrsg./Bearb.	Von Kármán, Theodore
Untertitel	(Innsbruck 1922)
Von	gehalten von G. A. v. Baumhauer ... Hrsg. v. Th. v. Kármán ...
Verl.-Ort	Berlin
Verlag	Springer
Jahr	1924
Umfang	IV, 251 S.
Sprache	ger

1705/Sommerfeld Waa 137

Autor/Hrsg.	Waard, Reinier Herman de
Titel-Stichwort	Ferromagnetisme en kristalstruktuur
Von	door Reinier Herman de Waard
Verl.-Ort	Leiden
Verlag	IJDO
Jahr	1924
Umfang	XII, 148, 4 S.
Ill.	graph. Darst.
Fussnote	Utrecht, Univ., Diss., 1924
Sprache	dut

1705/Sommerfeld Waa 1595

Band	1
Autor/Hrsg.	Waals, Johannes D. van der
Titel-Stichwort	Lehrbuch der Thermodynamik in ihrer Anwendung auf das Gleichgewicht von Systemen mit gasförmig-flüssigen Phasen/1
Jahr	(1908)
Umfang	XII, 287 S. : graph. Darst.
Sprache	ger

1705/Sommerfeld Waa 451

Autor/Hrsg.	Waals, Johannes Diderik van der
Titel-Stichwort	Die Zustandsgleichung
Untertitel	Rede gehalten am 12. Dez. 1910 in Stockholm bei Empfang des Nobelpreises für Physik
Von	von J. D. van der Waals

Verl.-Ort	Leipzig
Verlag	Akad. Verl.-Ges.
Jahr	1911
Umfang	24 S.
Sprache	ger

1705/Sommerfeld Wag 431

Autor/Hrsg.	Wagner, Karl W.
Titel-Stichwort	Elektromagnetische Ausgleichsvorgänge in Freileitungen und Kabeln
Von	von Karl Willy Wagner
Verl.-Ort	Leipzig [u.a.]
Verlag	Teubner
Jahr	1908
Umfang	109 S. : graph. Darst.
Gesamttitel	Mathematisch-physikalische Schriften für Ingenieure und Studierende ; 2
Schlagwort	Elektrische Leitung / Ausgleichsvorgang

1705/Sommerfeld Wal 140

Autor/Hrsg.	Walker, Gilbert T.
Titel-Stichwort	Aberration and some other problems connected with the electronic field
Untertitel	one of two essays to which the Adams prize was awarded in 1899, in the University of Cambridge
Von	by Gilbert T. Walker
Verl.-Ort	Cambridge
Verlag	Cambridge Univ. Press
Jahr	1900
Umfang	XIX, 96 S.
Ill.	Ill.
Sprache	eng

1705/Sommerfeld Was 2203

Autor/Hrsg.	Wassmuth, Anton
Titel-Stichwort	Grundlagen und Anwendungen der statistischen Mechanik
Von	von A. Wassmuth
Verl.-Ort	Braunschweig
Verlag	Vieweg

Jahr	1915
Umfang	VI, 85 S.
Gesamttitel	Sammlung Vieweg ; 25

1705/Sommerfeld Web 143

Titel-Stichwort	Festschrift Heinrich Weber
Hrsg./Bearb.	Bauschinger, Julius
Hrsg./Bearb.	Blumenthal, Otto
Hrsg./Bearb.	Dedekind, Richard
Hrsg./Bearb.	Eichenwald, A.
Untertitel	zu seinem siebzigsten Geburtstag am 5. März 1912 ; gewidmet von Freunden und Schülern
Verl.-Ort	Leipzig u.a.
Verlag	Leipzig u.a.
Jahr	1912
Umfang	VIII, 500 S.
Ill.	graph. Darst.
Sprache	ger

1705/Sommerfeld Web 146

Titel-Stichwort	Enzyklopädie der elementaren Algebra und Analysis
Hrsg./Bearb.	Weber, Heinrich
Von	bearb. von Heinrich Weber
Verl.-Ort	Leipzig
Verlag	Teubner
Jahr	1903
Umfang	XIV, 447 S.
Gesamttitel	Encyklopädie der Elementar-Mathematik ; 1
Schlagwort	Schulmathematik
Schlagwort2	Analysis
Schlagwort3	Algebra

1705/Sommerfeld Web 147

Autor/Hrsg.	Weber, Rudolf H.
Titel-Stichwort	Abschnitte aus der theoretischen Physik in elementarer Darstellung
Von	von Rudolf H. Weber

Ausgabe	Separatdr.
Verl.-Ort	Leipzig
Verlag	Teubner
Jahr	1906
Umfang	S. [50] - 309
Ill.	Ill., graph. Darst.
Fussnote	Aus: Encyklopädie der Elementar-Mathematik / H. Weber und J. Wellstein. Bd. 3
Sprache	ger

1705/Sommerfeld Web 152

Autor/Hrsg.	Weber, Eduard von
Titel-Stichwort	Vorlesungen über das Pfaff'sche Problem und die Theorie der partiellen Differentialgleichungen erster Ordnung
Von	von Eduard von Weber
Verl.-Ort	Leipzig
Verlag	Teubner
Jahr	1900
Umfang	XI, 622 S.
Gesamttitel	B. G. Teubners Sammlung von Lehrbüchern auf dem Gebiete der mathematischen Wissenschaften mit Einschluß ihrer Anwendungen ; 2
Schlagwort	Pfaff-Problem

1705/Sommerfeld Web 153/1

Band	1,1
Titel-Stichwort	Mechanik und Wärme ; 1, Mechanik, Elastizität, Hydrodynamik und Akustik
Von	bearb. von Richard Gans ...
Jahr	1915
Umfang	XII, 434 S. : Ill., graph. Darst.

1705/Sommerfeld Web 153/2

Band	1,2
Titel-Stichwort	Mechanik und Wärme ; 2. Teil: Kapillarität, Wärme, Wärmeleitung, kinetische Gastheorie und statistische Mechanik
Von	bearb. v. Rudolf H. Weber ...
Jahr	1916
Umfang	XIV, 613 S. : graph. Darst.

1705/Sommerfeld Web 2808

Autor/Hrsg.	Weber, Wilhelm
Autor/Hrsg.	Kohlrausch, Rudolf
Titel-Stichwort	Fünf Abhandlungen über absolute elektrische Strom- und Widerstandsmessung
Von	von Wilhelm Weber und Rudolf Kohlrausch
Verl.-Ort	Leipzig
Verlag	Engelmann
Jahr	1904
Umfang	116 S.
Ill.	Ill.
Gesamttitel	Ostwalds Klassiker der exakten Wissenschaften ; 142
Sprache	ger

1705/Sommerfeld Wei 154

Autor/Hrsg.	Weierstraß, Karl
Titel-Stichwort	Abhandlungen aus der Functionenlehre
Von	von Karl Weierstrass
Verl.-Ort	Berlin
Verlag	Springer
Jahr	1886
Umfang	262 S.
Sprache	ger
Schlagwort	Analytische Funktion

1705/Sommerfeld Wei 60

Autor/Hrsg.	Weiss, Pierre
Autor/Hrsg.	Foëx, Gabriel
Titel-Stichwort	Le magnétisme
Von	par Pierre Weiss ; Gabriel Foex
Verl.-Ort	Paris
Verlag	Colin
Jahr	1926
Umfang	VIII, 215 S.
Gesamttitel	Collection Armand Colin ; 71
Sprache	fre

1705/Sommerfeld Wei 792

Autor/Hrsg.	Weitzenböck, Roland
Titel-Stichwort	Der vierdimensionale Raum
Von	von Roland Weitzenböck
Verl.-Ort	Braunschweig
Verlag	Vieweg
Jahr	1929
Umfang	VIII, 142 S. : graph. Darst.
Gesamttitel	Die Wissenschaft. ; Bd. 80.
Schlagwort	Vierdimensionaler Raum

1705/Sommerfeld Wer 254

Autor/Hrsg.	Wertheim, Gustav
Titel-Stichwort	Elemente der Zahlentheorie
Von	von Gustav Wertheim
Verl.-Ort	Leipzig
Verlag	Teubner
Jahr	1887
Umfang	IX, 381 S. : graph. Darst.
Sprache	ger

1705/Sommerfeld Wes 1497

Autor/Hrsg.	Westphal, Wilhelm H.
Titel-Stichwort	Atomenergie
Von	Wilhelm Heinrich Westphal
Verl.-Ort	Meisenheim/Glan
Verlag	West-Kulturverl.
Jahr	1948
Umfang	84 S. : Ill.

1705/Sommerfeld Wes 1497+2

Autor/Hrsg.	Westphal, Wilhelm H.
Titel-Stichwort	Atomenergie
Von	Wilhelm Heinrich Westphal
Verl.-Ort	Meisenheim/Glan
Verlag	West-Kulturverl.

Jahr   1948
Umfang   84 S. : Ill.

1705/Sommerfeld Wes 3250
Titel-Stichwort   Physikalisches Wörterbuch
Hrsg./Bearb.   Westphal, Wilhelm H.
Untertitel   zwei Teile in einem Band ; mit etwa 10.500 Stichwörtern und 1595 Testfiguren
Von   hrsg. von Wilhelm H. Westphal
Verl.-Ort   Berlin [u.a.]
Verlag   Springer
Jahr   1952
Umfang   V, 795 S. : Ill., zahlr. graph. Darst.
Sprache   ger
Schlagwort   Physik / Wörterbuch

1705/Sommerfeld Whi 1581
Autor/Hrsg.   Whittaker, Edmund Taylor
Titel-Stichwort   Analytische Dynamik der Punkte und starren Körper
Untertitel   mit einer Einführung in das Dreikörperproblem und mit zahlreichen
                  Übungsaufgaben
Von   von E. T. Whittaker
Verl.-Ort   Berlin
Verlag   Springer
Jahr   1924
Umfang   XII, 462 S.
Gesamttitel   Die Grundlehren der mathematischen Wissenschaften ; 17
Originaltitel   A treatise on the analytical dynamics of particles and rigid bodies <dt.>
Schlagwort   Dynamik

1705/Sommerfeld Whi 693
Autor/Hrsg.   Whittaker, Edmund Taylor
Titel-Stichwort   Einführung in die Theorie der optischen Instrumente
Hrsg./Bearb.   Hay, Alfred
Von   Edmund Taylor Whittaker. Übertr. ... und mit Anm. vers. von Alfred Hay
Verl.-Ort   Leipzig
Verlag   Barth

Jahr	1926
Umfang	VI, 104 S.
Originaltitel	The theory of optical instruments <dt.>
Sprache	ger

1705/Sommerfeld Why 158

Autor/Hrsg.	Whyte, Lancelot Law
Titel-Stichwort	Critique of physics
Von	by L. L. Whyte
Verl.-Ort	London
Verlag	Kegan Paul, Trench, Trubner
Jahr	1931
Umfang	XI, 196 S.
Sprache	eng

1705/Sommerfeld Wie 157

Autor/Hrsg.	Wien, Wilhelm
Titel-Stichwort	Lehrbuch der Hydrodynamik
Von	von W. Wien
Verl.-Ort	Leipzig
Verlag	Hirzel
Jahr	1900
Umfang	XIV, 319 S.

1705/Sommerfeld Wie 159

Autor/Hrsg.	Wien, Wilhelm
Titel-Stichwort	Vorträge über die neuere Entwicklung der Physik und ihrer Anwendungen
Untertitel	gehalten im Baltenland im Frühjahr 1918 auf Veranlassung des Oberkommandos der achten Armee
Von	von W. Wien
Verl.-Ort	Leipzig
Verlag	Barth
Gesamttitel	Naturwissenschaftliche Vorträge, im Felde gehalten ; 2
Sprache	ger

1705/Sommerfeld Wie 160

Autor/Hrsg.	Wien, Wilhelm
Titel-Stichwort	Aus der Welt der Wissenschaft
Untertitel	Vorträge und Aufsätze
Von	von W. Wien
Verl.-Ort	Leipzig
Verlag	Barth
Jahr	1921
Umfang	320 S. : graph. Darst.

1705/Sommerfeld Wie 164

Titel-Stichwort	Wilhelm Wien
Hrsg./Bearb.	Drygalski, Erich von
Hrsg./Bearb.	Wien, Wilhelm
Untertitel	aus dem Leben und Wirken eines Physikers
Von	mit persönl. Erinnerungen von E. v. Drygalski ...
Verl.-Ort	Leipzig
Verlag	Barth
Jahr	1930
Umfang	IV, 196 S. : Titelportr.
Fussnote	Enth. auf den S. 1 - 135 eine autobiogr. Skizze, Briefe und drei Universitätsreden von Wien
Sprache	ger

1705/Sommerfeld Wie 173

Autor/Hrsg.	Wien, Wilhelm
Titel-Stichwort	Kanalstrahlen
Von	von Wilhelm Wien
Ausgabe	2. Aufl.
Verl.-Ort	Leipzig
Verlag	Akad. Verl.-Ges.
Jahr	1923
Umfang	XII, 362 S. : Ill., graph. Darst.
Gesamttitel	Handbuch der Radiologie ; 4,1
Sprache	ger

1705/Sommerfeld Wie 473

Autor/Hrsg.	Wien, Wilhelm
Titel-Stichwort	Über die Gesetze der Wärmestrahlung
Untertitel	Nobel-Vortrag gehalten am 11. Dezember 1911 in Stockholm
Von	von W. Wien
Verl.-Ort	Leipzig
Verlag	Barth
Jahr	1912
Umfang	21 S.
Sprache	ger

1705/Sommerfeld Wie 528

Autor/Hrsg.	Wien, Wilhelm
Titel-Stichwort	Lehrbuch der Hydrodynamik
Von	von W. Wien
Verl.-Ort	Leipzig
Verlag	Hirzel
Jahr	1900
Umfang	XIV, 319 S.

1705/Sommerfeld Wie 628

Autor/Hrsg.	Wien, Wilhelm
Titel-Stichwort	Aus der Welt der Wissenschaft
Untertitel	Vorträge und Aufsätze
Von	von W. Wien
Verl.-Ort	Leipzig
Verlag	Barth
Jahr	1921
Umfang	320 S. : graph. Darst.

1705/Sommerfeld Wil 677

Autor/Hrsg.	Willstätter, Richard
Autor/Hrsg.	Stoll, Arthur
Titel-Stichwort	Untersuchungen über die Assimilation der Kohlensäure
Untertitel	Sieben Abhandlungen
Von	Richard Willstätter ; Arthur Stoll*

Verl.-Ort	Berlin
Verlag	Springer
Jahr	1918
Umfang	VIII,448 S.

1705/Sommerfeld Wit 1063

Band	1
Titel-Stichwort	Allgemeiner Teil
Untertitel	896 Aufgaben nebst Lösungen
Ausgabe	6., vollst. umgearb. Aufl., hrsg. von Theodor Pöschl
Jahr	1929
Umfang	VIII, 356 S.
Ill.	Ill., graph. Darst.

1705/Sommerfeld Wit 1064

Band	2
Titel-Stichwort	Elastizitäts- und Festigkeitslehre
Ausgabe	4., vollst. umgearb. Aufl. / hrsg. von Theodor Pöschl
Jahr	1931
Umfang	VIII, 318 S.
Ill.	Ill., graph. Darst.
Sprache	ger

1705/Sommerfeld Wit 1065

Band	3
Titel-Stichwort	Flüssigkeiten und Gase
Ausgabe	3., verm u. verb. Aufl.
Jahr	1921
Umfang	VIII, 389 S. : graph. Darst.

1705/Sommerfeld Wit 259

Autor/Hrsg.	Wittstein, Theodor
Titel-Stichwort	Siebenstellige Gaussische Logarithmen zur Auffindung des Logarithmus der Summe oder Differenz zweier Zahlen, deren Logarithmen gegeben sind
Untertitel	ein Supplement zu jeder gewöhnlichen Tafel siebenstelliger Logarithmen
Von	in neuer Anordnung von Theodor Wittstein

Verl.-Ort	Hannover
Verlag	Hahn
Jahr	1866
Umfang	127 S.
Fussnote	Einl. in dt. u. franz.
Sprache	ger;fre
Paralleltit	Logarithmes de Gauss a sept décimales pour servir a trouver le logarithme de la somme ou de la différence de deux nombres, leurs logarithmes étant donnés

1705/Sommerfeld Wit 634

Titel-Stichwort	Deutsches Leben der Gegenwart
Hrsg./Bearb.	Witkop, Philipp
Von	hrsg. von Philipp Witkop
Verl.-Ort	Berlin
Verlag	Wegweiser-Verl.
Jahr	1922
Umfang	304 S.
Ill.	Ill.
Gesamttitel	Volksverband der Bücherfreunde: Jahresreihe für die Mitglieder des ... ; 3,3
Fussnote	Enth. u.a. 1: Witkop, Philipp: Deutsche Dichtung der Gegenwart. Enth. u.a. 2: Bekker, Paul: Deutsche Musik der Gegenwart
Sprache	ger

1705/Sommerfeld Wür 916

Autor/Hrsg.	Würschmidt, Joseph
Titel-Stichwort	Theorie des Entmagnetisierungsfaktors und der Scherung von Magnetisierungskurven
Von	von Joseph Würschmidt
Verl.-Ort	Braunschweig
Verlag	Vieweg
Jahr	1925
Umfang	VI, 118 S. : graph. Darst.
Gesamttitel	Sammlung Vieweg ; 78

1705/Sommerfeld Zech 269

Autor/Hrsg.	Zech, Julius
Titel-Stichwort	Tafeln der Additions- und Subtractions-Logarithmen
Untertitel	für sieben Stellen berechnet
Von	von J. Zech
Ausgabe	3. Aufl.
Verl.-Ort	Berlin
Verlag	Weidmann
Jahr	1892
Umfang	S. 636 - 836
Fussnote	Sonder-Abdruck aus der Vega-Hülsseschen Sammlung mathematischer Tafeln
Sprache	ger

1705/Sommerfeld Zee 166

Autor/Hrsg.	Zeeman, Pieter
Titel-Stichwort	Verhandelingen van Dr. P. Zeeman over magneto-optische verschijnselen
Von	P. Zeeman
Verl.-Ort	Leiden
Verlag	Ijdo
Jahr	1921
Umfang	XV, 341 S.
Ill.	Ill., graph. Darst.
Fussnote	In dt., engl., franz., niederländ. Sprache

1705/Sommerfeld Zee 2195

Titel-Stichwort	Pieter Zeeman
gefeierte Pers.	Zeeman, Pieter
Untertitel	1865 - 25 Mei - 1935 ; verhandelingen op 25 Mei 1935 aangeboden aan P. Zeeman
Verl.-Ort	's-Gravenhage
Verlag	Nijhoff
Jahr	1935
Fussnote	Beitr. teilw. niederl., dt., engl., franz.

1705/Sommerfeld Zei 2196

Autor/Hrsg.	Zeise, H.
Titel-Stichwort	Repertorium der physikalischen Chemie
Von	von H. Zeise
Verl.-Ort	Leipzig [u.a.]
Verlag	Teubner
Jahr	1931
Umfang	VI, 215 S. : graph. Darst.
Gesamttitel	Teubners mathematische Leitfäden ; 32
Sprache	ger

1705/Sommerfeld Zen 170

Autor/Hrsg.	Zenneck, Jonathan
Titel-Stichwort	Aus Physik und Technik
Untertitel	Vorträge und Aufsätze
Von	von J. Zenneck
Verl.-Ort	Stuttgart
Verlag	Enke
Jahr	1930
Umfang	189 S. : Ill., graph. Darst.

1705/Sommerfeld Zen 822

Autor/Hrsg.	Zenneck, Jonathan
Titel-Stichwort	Aus Physik und Technik
Untertitel	Vorträge und Aufsätze
Von	von J. Zenneck
Verl.-Ort	Stuttgart
Verlag	Enke
Jahr	1930
Umfang	189 S. : Ill., graph. Darst.

1705/Sommerfeld Zeu 168

Autor/Hrsg.	Zeuthen, Hieronymus G.
Titel-Stichwort	Geschichte der Mathematik im XVI. und XVII. Jahrhundert
Hrsg./Bearb.	Meyer, Raphael
Von	H. G. Zeuthen. Dt. Ausg. unter Mitw. d. Verf. besorgt von Raphael Meyer

Verl.-Ort	Leipzig
Verlag	Teubner
Jahr	1903
Umfang	VIII, 434 S. : graph. Darst.
Gesamttitel	Abhandlungen zur Geschichte der mathematischen Wissenschaften mit Einschluß ihrer Anwendungen ; 17
Fussnote	Aus d. Dän. übers.
Originaltitel	Forelaesninger over mathematikens historie <dt.>
Schlagwort	Mathematik / Geschichte <1500-1700>

1705/Sommerfeld Zim 267

Autor/Hrsg.	Zimmermann, Hermann
Titel-Stichwort	Rechentafel
Untertitel	nebst Sammlung häufig gebrauchter Zahlenwerthe
Von	entworfen und berechnet von H. Zimmermann
Verl.-Ort	Berlin
Verlag	Ernst & Korn
Jahr	1889
Umfang	XXXIV, 204 S.
Sprache	ger

編者紹介（おざわ・たけし）
昭和４５年生まれ
平成元年　長崎県立上五島高等学校卒業
　　　　　佐賀大学理工学部物理学科入学
平成３～４年　ミュンヘン工科大学物理学科留学
平成７年　佐賀大学理工学部物理学科卒業
現　在　　株式会社NAAリテイリング勤務
　　　　　博士（学術）
〔主要著書〕
お雇い独逸人科学教師（2015年、青史出版）

理論物理学者　A.ゾンマーフェルト蔵書目録
―――――――――――――――――――――――――
平成30年（2018）1月10日　発行

編者
　　小澤　　健志

発行所
　　青史出版株式会社
　　〒162-0825　東京都新宿区神楽坂2丁目16番地
　　　　　MSビル２０３
　　電話 03-5227-8919／FAX 03-5227-8926

―――――――――――――――――――――――――
印刷・製本　（有）章友社
©OZAWA Takeshi 2018. Printed in Japan
ISBN978-4-921145-82-0 C0042